世界でいちばん素敵な

化学の教室

The World's Most Wonderful Classroom of Chemistry

はじめに

「化学って難しい!」
そんな固定概念を払拭したくてこの本を作りました。

オーロラが見える仕組み、洗濯物の汚れを効率的に落とす方法、
テレビが昔よりも綺麗に見えるようになった理由などは、
すべてを化学で説明することができるのです。

この本では、日頃の「なぜ」を解決してくれる
内容を中心にまとめました。
読み終わる頃には化学が少し、好きになっているかもしれません。

Contents

Q

冷たい飲み物を入れたコップに
水滴がつくのはなぜ?

コップの表面の水滴は、近く
の空気が冷やされて液体に
変わったものです。

A
空気中にある気体の水が
液体に変わるからです。

空気中に保てる水の量は、温度によって変化します。

冬にストーブを焚くと、窓や押し入れなどの冷たいところに水分が溜まります。
これは、部屋の空気が暖められることで空気中に含まれる水蒸気が一定量を超え、
それが冷たい場所に移動することによって、
温度差によって行き場を失い、水滴となって現れる「結露現象」です。

Q 水についてもう少し詳しく教えて!

A 「固体」「液体」「気体」の3つの状態があります。

水は低温（0℃以下）で凝固して固体の氷に、高温（100℃以上）で沸騰して気体の水蒸気に、その中間の温度で液体になります。この固体・液体・気体を「水の状態」と言います。

温度が低いと窓ガラスに結露が付着します。これは、水蒸気を含んだ暖かい空気が冷やされ、気体として存在できる飽和水蒸気量を超えたため、余分な水蒸気が液体の水に変わったから。これが結露の発生する仕組みです。

雨が降るのはどうして？

A 空気中の水蒸気が
液体になるからです。

地表で熱せられた水は、蒸発すると気体となって空気に交じります。これが高空に昇って冷やされると、細かい液体の水滴や固体の氷晶になります。これが雲です。雲中の水滴が集まって大きな水滴になると、重力に従って地表に落下しますが、これが雨になるのです。

氷晶は、標高の高いところにあるので、氷の状態で雲の中に存在します。地上に向かう途中で溶けて液体になります。

雨が降る仕組み

＊ 氷晶
● 過冷却の水滴（雲粒）
○ 水滴（雲粒）
● 雨

−20℃〜−40℃の高さ

過冷却の雲粒の中で
氷の結晶は成長しながら
落ちてくる

0℃の高さ

途中で溶けて雨になる

凝結高度

地表

 水たまりがやがて消えてなくなるのはなぜ？

A 水分子が空気中に飛び出すからです。

液体中の水分子は、液体中を動き回っています。この動きは温度の上昇と共に激しくなります。そのため、水分子は沸騰温度（100℃）に達しなくとも少しずつ空気中に飛び出していきます。これを「気化」あるいは「蒸発」と言い、水たまりの水は少しずつ空気中に飛び出して、やがてなくなってしまうのです。

夏の気温の高い日など、雨のあとにじめじめするのは水たまりなどの水が気化しているからです。

★COLUMN1★

浄水器の仕組み

家庭ではもはや当たり前になった浄水器は、浄水してくれるポットやお風呂のシャワーヘッドにつけるタイプまでその種類は多岐にわたります。浄水器の基本構造は、マイクロフィルターと活性炭を組み合わせたものが主流で、水道水から残留塩素、赤サビ、臭いなどを取り除きます。ほかにもセラミックフィルター、中空糸膜フィルターを利用したものなどがあります。浄水器を選ぶ際は、「どんなモノが除去されるのか」を確認して選ぶのがおすすめです。

Q

身近に化学のすごさを
感じられるものってある？

紙おむつの中の吸収材は、吸収紙、
綿状パルプ、高分子吸水材などを
組み合わせて作られています。すば
やく吸収し、一度吸い込んだ水分
は押しても逆戻りしません。

A
自重の1000倍くらいの水を吸う
化学製品があります。

生まれて最初に触れる紙おむつも、化学の力のたまものです。

紙おむつは高吸水性樹脂でできています。
紙や布も水を吸いますが、その量はせいぜい自重の10倍くらい。
それに比べて、高吸水性樹脂は自重の1000倍もの水を吸います。

Q 高吸水性樹脂って紙なの？　布なの？

A 合成樹脂です。

高吸水性樹脂は合成樹脂というプラスチックの一種です。このプラスチックを引き延ばして細い繊維状にすると、まとめて綿状にしたり、織って布状にしたりすることができます。紙おむつのほかにも、災害時に使用される吸水土のうや、熱中症対策用のネッククーラーなどが製品化されています。

高吸水性樹脂は浸透圧で水を吸収します。高吸水性樹脂の内部はイオン濃度が高く、外の水との濃度差があります。これが大量の水を吸収できる仕組みです。

花瓶に水と一緒に入れて使うジェリーボール。保水力がとても高く、水をやり忘れても自然に補充できるとして人気ですが、ここにも高吸水性樹脂が使われています。

Q2 どういう仕組みで水を吸っているの？

A 分子を膨らませて水を吸収し、分子の中に閉じこめます。

高吸水性分子はとくに高い水分保持性を持つよう設計された、分子量（質量）の大きい高分子製品です。これは三次元の網目構造（ケージ構造）をしています。吸収された水分子はケージに閉じ込められて出られなくなります。また、ケージは水（H_2O）を吸うとカルボン酸イオン（$CO_2{}^-$）同士の反発によって広がって大きくなり、さらに多くの水を吸うことができるようになるのです。

CO_2Na：カルボン酸ナトリウム塩
NaO_2C：カルボン酸ナトリウム塩
$-O_2C$：カルボン酸イオン

※ $-O_2C$ と $CO_2{}^-$、CO_2Na と NaO_2C は並びは違いますが、それぞれ同じ物質です。

高吸収性樹脂が水と触れると、高分子の網が広がり、この網目に水が閉じ込められる仕組みです。

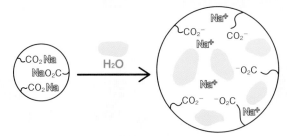

Q3 高吸水性樹脂って、ほかにはどんな用途に使われているの？

A 砂漠の緑化にも役立っています。

砂漠の砂の下に高吸水性樹脂を埋め、それにたっぷりと水を吸わせてから、その上に植物を植えることで、必要な給水間隔を延ばすことができます。また、たまに降る雨水を、溜めておくこともできるようになります。

高吸水性高分子材を土壌と混合すれば、乾燥地帯でも土壌を湿潤な状態に保つことができます。苗木の成長を促進し、給水頻度を減らすことができます。

Q

テレビの映像って
どういう仕組みで映っているの？

A
画面の中で、化学物質が
光ったり動いたりしています。

テレビは映像を小さな光の点の集まりとして映し出しています。映像を分解して電気信号に変えているのです。放送局で作られた番組は、この電気信号を電波塔に送り、電波塔から家庭に電波として送信されています。

液晶テレビは分子が動き、
有機ELテレビは分子が光ります。

蛍光灯は水銀という金属原子が光を出しています。
分子も光を出すことができ、それを利用したのが有機ELテレビです。
液晶テレビは蛍光灯を利用した発光パネルの前で、
分子が動いて光を遮ります。つまり、影絵と似た原理です。

暗いところでもテレビが見られるのはなぜ？

A 発光するものが組み込まれているからです。

プラズマテレビや液晶テレビは中に蛍光灯が入っていて、それが光ります。有機ELテレビは基板に特殊な有機物が塗られていて、それが光ることで明るくなります。

光の三原色を組み合わせてさまざまな色に光るLEDライト。LEDバックライトを実用化することで、省エネ化、テレビの薄型化が大きく発展しました。

② 水銀について教えて！

A 有害ですが、使い方によっては役に立ちます。

水銀は常温でも液体で存在する唯一の金属です。水銀は人体や環境への悪影響から危険視されることもありますが、蛍光灯・水銀体温計・電池など、私たちの生活にも密接に関係しています。水銀に電気エネルギーを与えると青っぽく発光しますが、この光を蛍光物質に吸収させると、白っぽい蛍光灯の色に変色するのです。

数ある金属の中で唯一常温で液状で存在するのが水銀です。

③ どうやってテレビはカラーを表現しているの？

A 光の三原色（赤・緑・青）を発光する原子を使っています。

昔のテレビは、モノクロでしか表現ができませんでした。光の三原色を発光する原子が発見されなければカラーテレビはこの世に生まれなかったかもしれません。液晶テレビでは、カラーフィルターの層をバックライトで照らして色を出します。有機ELテレビでは染料を作るのと似た方法で三原色を出す有機分子（炭素を含む分子）がそれぞれ発光しています。

| 偏光板 |
| ガラス |
| カラーフィルター |
| 透明電極 |
| 液晶 |
| 透明電極 |
| ガラス |
| 偏光板 |
| バックライト |

液晶ディスプレイ

| ガラス |
| 透明電極 |
| 有機EL発光層 |
| 電極 |
| ガラス |

有機ELディスプレイ

Q 漂白剤を使うと
白くなるのはなぜ?

衣服の汚れやくすみは、衣
服に付着した汚れ分子の持
つ色によるものです。

A 汚れ化合物を
　分解してくれるからです。

衣服が黄ばむのは、汚れ化合物が結合して大きくなるから。

共役二重結合※をもつ化合物（汚れ化合物）が沈着して、
「色」として見えているものが、衣服のくすみです。
漂白剤は、大きくなった汚れ化合物を分解・切断して小さくしたり、
あるいは、酸素を結合させたりすることで、
汚れ化合物の構造を変化させて、くすみを消しているのです。
洗剤は、汚れを浮かせて洗い流すもので、漂白剤とは仕組みが異なります。

※共役二重結合：炭素原子鎖が一重結合と二重結合を交互に有
するとき、この結合全体のことを「共役二重結合」と言います。

例：ブタジエン（不飽和炭化水素のひとつ）の構造。
1と2の炭素（C）が二重結合、2と3の炭素（C）
が一重結合となり、さらに3と4で再び二重結合
となっています。このように交互に一重結合と二重
結合を繰り返しているのが共役二重結合です。

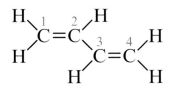

洗剤の仕組みをもう少し詳しく教えて！

A 汚れ化合物を包んで運び去ります。

洗剤は水に溶けるとお互いに集まって、シャボン玉のような膜になります。この膜には、片面が水に馴染みやす
く、もう片面が油に馴染みやすいという性質があります。布に付いた油汚れにこの膜が近づくと、油に馴染
む面が汚れに付いて汚れを包みます。この包みの表面は水に馴染むので、そのまま水の中に溶け出し、結果
として油汚れが布から落ちるというわけです。

タオルをふわふわした状態で長
く使うためには、中性洗剤を使
い、干す際にしっかりはたいて
繊維を立たせると肌触りの良い
仕上がりになります。

② 洗濯とドライクリーニングは違うの？

A 洗濯は洗剤と水を使い、
ドライクリーニングは有機溶剤を使います。

洗濯は水と洗剤を用いて汚れを洗い流します。水溶性の汚れを落とすのに適しているのです。一方のドライクリーニングは有機溶剤を使って汚れを落とします。脂溶性の汚れを落とすのに適しており、水で洗うことで型崩れ、色落ちなどしやすい素材を洗濯したいときに使います。

洗濯機は縦型のものもドラム式のものも、洗濯槽内でほどよく動くスペースが必要となるため、洗濯機の容量の8割程度の量を入れるのが良いと言われています。

③ 重曹やクエン酸で汚れを落とすのも洗剤と同じ仕組み？

A 異なります。

重曹はアルカリ性で、クエン酸は酸性です。どちらも汚れ分子を加水分解して水溶性にして水に溶かし出します。クエン酸は金属と結合する力が強いので、水垢（カルシウム）を取るのに適しています。加水分解とは反応物に水が反応して分解されることです。靴のソールが劣化し、ボロボロと崩れるのはこの反応です。

石鹸でワイシャツの襟などをなぞってから洗うのは、直接襟元の皮脂汚れ分子を石鹸の膜で包んで洗い流すためです。

★COLUMN2★

共役二重結合の長さで汚れの色が変わる

汚れ化合物が共役二重結合を持つと、その長さによって、人間の目に見える色が変わります。共役二重結合が長くなるにつれて、吸収する光の波長が長くなるからです。例えば、共役二重結合に含まれる二重結合が5つ以上になると青い光を吸収し、さらに長くなると緑の光を吸収するようになります。吸収された残りの波長の光が、その物質の色に見えるのです。

「黄ばみ」と呼ぶ汚れは、共役二重結合が青い光を吸収したため、残りの黄色い光が現れたことによります。

Q

形状を記憶する服の
仕組みを教えて！

A

繊維が自分の形を覚えています。

折れたりしわになったりしても水につけて乾かすことで、元の記憶させた形状に戻るように加工された繊維のことを、形状記憶繊維と言います。

最初に形成された自分の形を、分子が覚えています。

形状記憶高分子には、形を覚え込ませると、別の形に変形したとしても、
熱を加えたりすることで、記憶している元の形に戻る性質があります。
例えば、形状記憶高分子のポリエチレンで
正方形の薄い紙のようなものを作り、
温めてすぐに対角線上の角を引き延ばすと
糸状に引き延ばされて形が変形しますが、
再び温めると、形状記憶の性質から
元の正方形の形に戻ります。

温めて
伸ばす

再び温めると
元の形になります。

形状記憶高分子って何？

A　熱を加えると
元に戻ろうとする高分子です。

例えば、形状記憶高分子でスープ皿を作り、加工できる温度まで温めてプレスして円盤にしたとします。室温
以下の場所にある間は円盤のままですが、再び加工できる温度まで温めるとスープ皿の形に戻ります。

形状記憶シャツは、水につけて乾
かすことで記憶させた元の形状に
戻ります。つまりアイロンがけが不
要となるのです。

② ほかにも形状記憶の性質が活かされているものってある？

A シュリンク包装用フィルムや輪ゴムなどがそうです。

輪ゴムの元に戻ろうとする力も、形状記憶の性質を利用したものです。また、書店などでコミックや雑誌などを包んでいる透明なフィルムは、シュリンク包装用フィルムといい、熱の力を用いて、書籍のサイズに瞬時に縮めて包装していますが、これも形状記憶の性質を利用したものです。

シュリンク包装された
レコードジャケット。

---

③ 形状記憶についてもっと教えて！

A バネや眼鏡のフレームにも利用されています。

火災発生時に換気用ダクトを閉じる防火ダンパーなどに使用されているバネは熱で作用する形状記憶合金が使われています。熱風を感知して形状記憶合金バネが縮み、バタフライ弁を閉じるのです。ほかにも眼鏡のフレームなどにも使われたりしています。

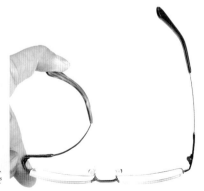

形状記憶フレームを使用した眼鏡は、
元の形に戻ろうとする性質があるので
耐久性の面からも人気です。

フルーツを覆う柔らかい資材もプラスチックです。なぜ密閉容器に詰めていないのかというと、密閉すると内部の酸素が減り、二酸化炭素が充満して、新鮮さが失われてしまうからです。

ひとことでプラスチックとは言っても、その用途は無限にあります。

小さな単位分子が何百個も何千個も繋がってできた大きな分子を「高分子」と言います。
高分子には、タンパク質やデンプンなどのように天然にできた天然高分子と、
人工的に作った合成樹脂、すなわちプラスチックがあります。

① プラスチックって、たくさん種類があるの？

A あります。

代表的なものにポリエチレン、ポリ塩化ビニル（エンビ）、ポリスチレン（発泡スチロール）、ポリエステル、ナイロン、ペット、テフロンなどがあります。紙おむつの高吸水性高分子、海水を淡水に換えるイオン交換高分子、電気を通す伝導性高分子などもプラスチックの仲間です。

傘に使われる素材は、ポリエステルやナイロン、ポリエチレンが一般的です。

② プラスチックの意外な用途を教えて！

A 水族館の大きな水槽もプラスチック製です。

水族館の水槽は、ポリメタクリレート（アクリル樹脂）というプラスチックでできています。アクリル樹脂には、ガラス同様の透明度がありながら軽く、簡単に溶接できるという特徴があります。水族館の巨大水槽用のプラスチックは、小さく切断して運び、現場で溶剤を使って溶接して組み立てています。

水族館の水槽は、大きなものだと厚みが数十センチもあります。アクリル樹脂を何層にも溶接し、水圧に負けない強度を作っています。

Q 服に再利用できる
　身近なものと言えば？

プラスチックの中で「ペット」
に分類されるポリエステル
は、その形状によって服の
繊維にもなればペットボト
ルにもなります。

A ペットボトルに使われている、
ポリエステルがあります。

ペットボトルもポリエステルも同じ物質。繊維状か板状かの違いです。

ペットボトルを融かして加工すれば、素敵な洋服の素材にもなります。

プラスチックとは「合成樹脂」のことで、
木々から分泌される樹液が固まったものを、人工的に合成した樹脂のことを指します。
このうち、ペットボトルはプラスチックをフィルム状に広げたもので、
それを融かして加工すれば、洋服の素材などとして使うこともできます。
つまり、ペットボトルも、洋服も、
融かしてしまえば、同じということなのです。

Q 合成繊維ってなんのこと？

A プラスチックが糸状になったものです。

紐のように長いプラスチックの分子が、何万本も平行に並んだものが撚り合わさってできたものです。

ウエディングドレスのサテンとは
織り目のことで、素材にはポリ
エステルやナイロンが用いられ
ています。

② ペットボトルのペットってどういう意味?

A 正式な名前の頭文字です。

ペットは、エチレングリコールとテレフタル酸という原料がたくさん連なってできたプラスチックのことです。ギリシア語で「たくさん」を意味する「ポリ」の頭文字の「P」と、ふたつの原料の頭文字の「E」「T」をとってPETと呼んでいるのです。

「ペット」は POLY ETHYLENE TEREPHTHALATE の頭文字をとったものです。

③ ペットボトルって融かすとどうなるの?

A 液体になります。

ペットボトルは融けますが、プラスチックの強度や耐熱性はさまざまに作ることができます。例えば、熱硬化性樹脂という素材を使ったものにはフライパンの取っ手などがあります。これは熱を加えることで重合という化学反応を起こさせて固めたもので、その後は加熱しても融けることがありません。

ポリエステルの布は、紅茶、コーヒーなどを使って自分で染めることも可能です。薄く落ち着いた色に染まるのでアンティークな仕上がりになります。

④ ペットボトルについてもっと教えて!

A 普及したのは1982年のことです。

1982年に日本で初めて発売されたペットボトル飲料は「コカ・コーラ」。それまでガラス瓶に入っていましたが、食品衛生法などの改定により、軽くて割れにくいペットボトルが採用されました。ペットは加熱すれば柔らかくなり、粘土のように自由に変形・成型できる熱可塑性からも重宝されています。

光がないと植物が
育たないのはなぜ？

ひまわりの太陽を追う運動は、茎の伸びによって起こります。ひまわりの茎の先端が東を向くのは、茎の西側が東側より伸びるから。反対に、西側を向くのは、茎の東側が西側より伸びるからです。これは茎の伸びを促進するオーキシンというホルモンがあるため。この動きはつぼみのときまでで、花が咲いたらこの運動は起こりません。

A
光にエネルギーを
もらっているからです。

光のエネルギーを利用して、植物は自分の体を作っています。

植物は、主に炭素（C）・水素（H）・酸素（O）からできています。
光エネルギーを利用して、二酸化炭素（CO_2）から炭素と酸素を、
水（H_2O）から水素と酸素を受け取って、自分の体を作っているのです。

Q1 そもそも光って何？

A 電磁波のひとつです。

光は電磁波なので波長があります。光のエネルギーは、波長に反比例し、紫外線のように波長の短い光は高エネルギーなので日焼けを起こし、さらに短いX線は生物の命を奪うこともあります。

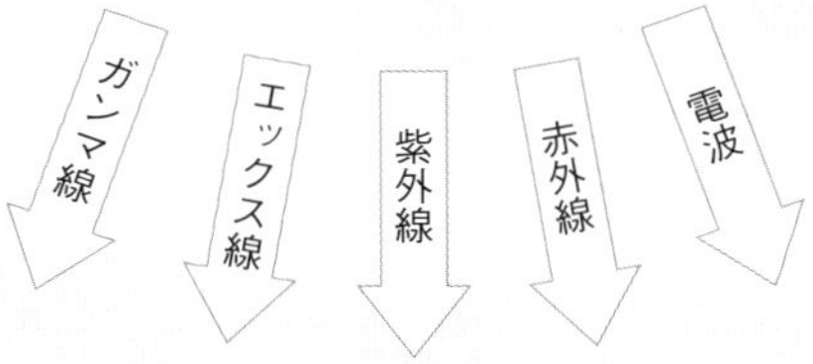
ガンマ線
エックス線
紫外線
赤外線
電波

光の粒は光子（こうし）と呼ばれ、明るくなるほど光子の数は多くなります。光の速さは1秒間に約 30 万キロ。地球1周は約4万キロなので、1秒で7周半できる速さです。

植物は光合成をし、根などから吸い上げた養分である窒素（N）を結びつけて、成長に必要なタンパク質を作って成長します。

② 植物は光を利用して何をしているの?

A 二酸化炭素と水から グルコースを作っています。

植物はクロロフィル(葉緑素)で光を受け、そのエネルギー で、炭水化物や糖類と呼ばれるグルコース(ブドウ糖)と 酸素を作っています。これが光合成です。

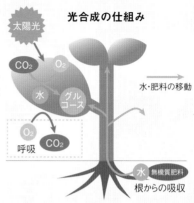

光合成の仕組み

太陽光

CO_2　O_2

水　グルコース

水・肥料の移動

O_2　CO_2
呼吸

水　無機質肥料
根からの吸収

---

③ どうやって植物は成長するの?

A 光合成で作った炭水化物を溜めて成長します。

植物は光合成によりグルコースなど の炭水化物を作り、酸素を発生しま す。光合成で作ったグルコースを何 個も結合させると、デンプンやセル ロースになります。デンプンは養分と して細胞の中に貯蔵され、セルロー スは細胞壁となって細胞の周りを囲 んで細胞の強度を増します。このプ ロセスを繰り返すことで、植物は成長 しているのです。

葉の部分に葉緑体があるた め、葉で光合成を行うのが 一般的ですが、ユーカリは 幹にも葉緑体があるため、 幹でも光合成を行います。

Q

部屋の埃はどこから現れるの？

A
主に、衣服から出ます。

ほかにも布団やカーテン、カーペットや新聞なども原因です。これら繊維が含まれるものから少しずつ剥がれ落ちた「繊維のくず」が埃となって現れるのです。

毎日溜まってゆく埃の正体は、あらゆるものの塵や屑です。

埃は部屋を汚して美しさを損ねるだけでなく、
喘息やアレルギーの原因になり、健康に害を及ぼします。

⏻ 埃の成分を詳しく教えて！

A 繊維屑、人体の老廃物、ダニなどさまざまです。

埃の成分は場所によって異なりますが、一般家庭の場合は、繊維から出る糸屑、紙から出る屑、毛髪、フケ、ダニ、ダニの糞、カビの胞子、花粉などさまざまです。これらの埃は空気中に浮遊していることもあれば、壁に付着したり、床の隅に集まったりしていることもあります。

ハウスダストはなかなか目には見えませんが、アレルギーがある場合はとくにこまめな掃除が必要です。

② 埃もアレルギーの原因になるの？

A　なります。

埃に含まれるものの中で特にアレルギーの原因になりやすいのは、フケ、ダニ、その糞、花粉などです。これらによって引き起こされるアレルギーには、アレルギー性鼻炎、皮膚炎、結膜炎などがあります。

アレルギーによって、くしゃみ、鼻づまり、ひどい場合は皮膚の炎症やかゆみが発症することもあります。

---

③ 埃を出さないためにはどうすれば良いの？

A　埃や屑の元になる布や紙をできるだけなくすことです。

布を減らすには、不要なカーペット、カーテン、タオルなどを減らすことです。例えば、新聞も読み終わったらすぐ片付けると良いでしょう。ダニや花粉は掃除機でこまめに吸い取るしかありません。壁にも静電気で埃が付いているので、掃除機で吸い取るようにしてください。

埃対策として柔軟剤も効果的。水に柔軟剤を数滴入れ雑巾を浸し、固く絞ります。それで壁や棚、床などを拭くと、柔軟剤に含まれる静電気防止効果で埃が壁や床に付きにくくなります。

Q

金属を磨くと光るのはなぜ?

A
錆びやゴミが取れて
光が反射されるからです。

変色した銀器は、塩や重曹、アルミ箔を使うことで本来の輝きを取り戻せます。

鏡のはじまりは、青銅製の銅鏡でした。

古墳から出土する銅鏡は、金属の銅でできた鏡です。
現在は錆びてしまって、どれも錆びである緑青に覆われて輝いていませんが、
できた当時はピカピカに磨かれて、貴人の顔を映していたことでしょう。

Q そもそも金属って何？

A 「金属光沢」「伝導性」「展性」「延性」が、揃っているものが金属です。

代表的な金属である金は金色に輝き、高い伝導性を持っています。展性、延性とは、壊れずに針金状や膜状に伸びる性質のことで、例えば、1gの金は針金状にすると3km近くに伸びます。また叩くと、1mmの千分の1以下の厚さの金箔になります。

フランスのヴェルサイユ宮殿の「鏡の間」。約75mの長さを誇るこの鏡の間には、約357枚の鏡が使用されています。

② そもそも光るってどういうこと？

A 自ら光を出す場合と、光を反射する場合があります。

光るというのは、蛍光灯のように自分で光を出す場合
と、鏡のように光を反射する場合があります。金属
が光るのは後者の例です。金属には、原子から離れ
た自由電子がたくさんあり、それが金属塊の表面に
集まっています。その電子が光を反射するのです。

自由電子とは

価電子
（最外殻電子）

電子が軌道を飛びだし、
自由電子になる

原子核

光を反射する仕組み

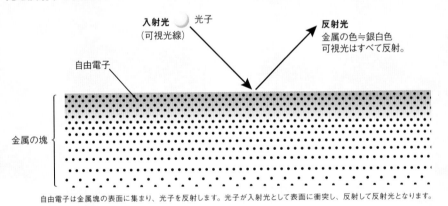

入射光　光子
（可視光線）

反射光
金属の色≒銀白色
可視光はすべて反射。

自由電子

金属の塊

自由電子は金属塊の表面に集まり、光子を反射します。光子が入射光として表面に衝突し、反射して反射光となります。

③ 透明な金属ってあるの？

A あります。

薄い金属箔は透かすことができます。例えば、金箔を透かして景色を見ると、景色が青緑色になって見えま
す。また、スマホやテレビの表面には一面に電極が貼られていますが、これはガラスにインジウムとスズとい
う金属の酸化物を塗ったものです。つまり私たちはこの金属を透かして映像を見ているのです。

Q 窒素って何かの役に立つの?

アイスクリームの材料に液体窒素を入れると、マイナス196℃の超低温で瞬時に氷結します。

A タンパク質の成分であり、
　植物の三大栄養素のひとつです。

安定＆不活性のイメージがありますが、爆薬にも含まれている元素です。

ダイナマイトの原料であるニトログリセリンや、
爆弾の原料であるトリニトロトルエンの「ニトロ」は、
NO_2 原子団のことで、窒素（N）を含んでいます。
窒素は、ほかの元素と反応をしづらく、無害なため、
さまざまな用途に用いられています。

☿ 窒素って本当に無害なの？

A 無害です。

窒素ガス（窒素分子／N_2）そのものに害はありません。しかし、高濃度の窒素ガス（酸素を含まないもの）を吸引すると、酸素不足で窒息死してしまいます。また。窒素を冷やした液体窒素（沸点：マイナス196℃）に触れると、重度の凍傷になります。

スーパーなどで見かけるソーセージの袋が膨らんでいるのは、空気ではなく窒素ガスが詰められているためです。この窒素ガスのおかげで、鮮度とおいしさが保たれているのです。

② 窒素ってどこにあるの?

A 空気中に多く含まれています。

空気の体積の約78%は窒素です。残りの約21%が酸素で、そのほかにアルゴン、二酸化炭素、ネオン、ヘリウムが、それぞれ0.93、0.04、0.02、0.005%含まれています。窒素は空気中のほかにも、タンパク質に含まれ、また化石燃料にも不純物として含まれています。

地球が生まれた頃は大気中の二酸化炭素や水蒸気が今よりも多くありましたが、地球の状態が変化をしていくなかで減っていき、窒素が多く残ったと考えられています。

空気の成分

アルゴン、
二酸化炭素ほか 約1%

酸素
約21%

窒素
約78%

---

③ 窒素の特徴を教えて!

A ほかの元素と反応しづらいことです。

食品の袋から空気を抜いて、代わりに窒素を詰めることがあります。これは、酸素による食品の品質劣化を防ぐためです。窒素とは対照的に、酸素は多くの元素と反応して変質させる性質があります。

水上置換法

気体

空気は主に酸素と窒素でできていますが、酸素は空気より少し重く、窒素は少し軽いです。また、窒素は水に溶けにくい性質を持っているので「水上置換法」で集めることができます。

★COLUMN3★

タイヤと窒素の関係

窒素がほかの元素と反応しづらい性質を利用して、タイヤに窒素ガスを充填する例があります。航空機やレーシングカーのタイヤは、高速走行する際に摩擦熱で高温になりますが、酸素を含まない窒素ガスを充填することで、事故時などの発火の危険を低減しているのです。

ダイヤモンドは
炭と同じって本当？

ダイヤモンドの原石の生成時期はとても古
く、一般に出回っているダイヤモンドは 9 ～
35 億年前のものだと言われています。

A
両方とも同じ炭素からできています。

ダイヤモンドより硬いものもある、ダイヤモンドより輝くものもある。

ダイヤモンドと聞くと、「最も硬くて、最も輝くもの」というイメージがありますが、
炭素からできた鉱石のロンズデーライトはダイヤモンドの1.5倍もの硬さになります。
さらに、ローンズデーライトよりも硬いウルツァイト窒化ホウ素もあります。
炭素とケイ素からできたモアサナイトは、屈折率がダイヤモンドより高く、
ダイヤモンドの2.5倍の輝きとも言われています。

炭素をダイヤモンドにすることはできる？

A できます。

炭素を高温高圧にするとダイヤモンドになります。最近では遺骨に含まれる炭素からダイヤモンドを作る技術も
開発されました。昔は、人工ダイヤは有色不透明で工業用にしかなりませんでしたが、現在では美しい宝飾用
のものもできるようになってきています。

ダイヤモンドの無色透明さに「純潔」という意味が込められることがあります。また、名前はギリシャ語の「adamas（アダマス）」が由来とされており、これは「征服しがたい・何よりも強い」という意味です。

② ダイヤモンドを燃やしたらどうなるの？

A 二酸化炭素になって消えてしまいます。

炭素（C）を燃やして酸素（O）と反応させると、気体の二酸化炭素（CO_2）となってどこかへ飛んでいってしまいます。工夫をすれば、その二酸化炭素を水に吸わせて炭酸水にすることもできるでしょうが、「ダイヤ製炭酸水」は相当高価な飲み物になることでしょう。

「高価な飲み物」として、かのクレオパトラは真珠を酢（ワインビネガー）に入れて飲んだという逸話があります。真珠は酸に弱く、人の汗や脂でも酸化し、変色してしまうほどです。

③ 最も大きなダイヤモンドってどれくらいの大きさなの？

A 3,106 カラット（620 g ／体積 200mL）です。

1905年、アフリカの鉱山で発見されたダイヤモンド原石は重さが 3,106 カラットで、現在に至るまで世界最大のダイヤとして知られています。このダイヤは鉱山の持ち主の名前をとって「カリナン原石」と呼ばれていますが、献呈されたイギリス国王はこれを宝石として研磨しました。その結果、530 カラット（王笏にセット）や 317 カラット（王冠にセット）などのダイヤモンドになってしまいました。

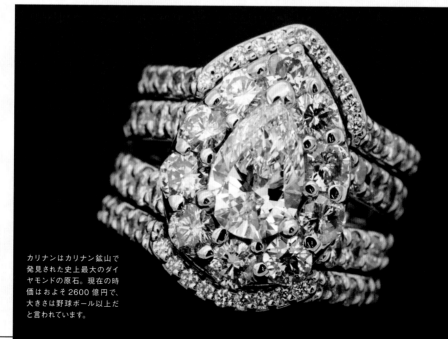

カリナンはカリナン鉱山で発見された史上最大のダイヤモンドの原石。現在の時価はおよそ 2600 億円で、大きさは野球ボール以上だと言われています。

Q

レアメタルってなんのこと？

A
希少金属のことです。

銅や鉛鉱石などを発掘する際に副産物として回収されるビスマス。レアメタルとは、「地殻中の存在量が比較的少ない」「採掘と精錬のコストが高い」などの理由で流通・使用量が少ない非鉄金属のことです。

現代科学産業には欠かせない、そんな金属があります。

レアメタルは、日本語で「希少金属」と訳しますが、
希少なのは日本にとってであって、ほかの国にはたくさんあるものもあります。
自然界にある元素は90種ほどですが、70種類ほどは金属元素です。
そして、そのうちの55種類（2020年10月現在）がレアメタルと呼ばれています。
レアメタルは「自国にとって希少金属か」という基準で各国で規定されており、
科学的根拠ではなく、経済的理由で定められているのです。

レアメタルって何の役に立つの？

A パソコンなどにも使われています。

ステンレスは、鉄とクロムとニッケルの合金です。このうち、クロムとニッケルがレアメタルです。リチウム電池になくてはならないリチウムもレアメタル。高硬度鋼や高耐熱鋼なども、レアメタルがないとできません。

パソコンなどの小型家電には鉄やアルミのほか、貴金属、レアメタルといった有用な金属がたくさん使われており、リサイクル可能な貴重な資源となります。

中国の国家森林公園、張家界市。張家界市は中国内でもニッケルなど鉱産資源が豊かな土地として知られています。

レアメタルってどこにあるの？

A **世界各地にあります。**

55種類のレアメタルがどこにあるかは、その種類によります。レアメタルは、1か所に偏在していることが多く、例えば、タングステンは、世界総生産量の87%を中国が占めています。

中国が総生産量87%を占めるタングステン。レアメタルやレアアースの中には、鉱山開発により環境が破壊されるなどとして先進国では規制が厳しくなっているものもあります。中国は規制が緩いため、生産量が大きく伸びているのです。

 レアアースとレアメタルは同じもの？

A **レアメタルの一部の元素がレアアースです。**

レアメタルは全部で55種類ありますが、そのうちの17種類をレアアース（希土類）と言います。レアアースは、カラーテレビの有色光の発光やレーザーの発振源など、現代科学の最も先進的な部分を担う金属でもあります。レアアースは世界中に広く存在しますが、現在流通しているものの70%以上は中国産とみられています。

流通元が主に中国産のレアアース（一部）

名前	活用例
セリウム	液晶
ネオジム・ジスプロシウム	希土類磁石小型モータ
ランタン	HDDガラス基板等の研磨剤

★COLUMN4★

レアメタルは「現代科学産業の米」？

レアメタルは現代の科学研究や産業に欠かせないもので、かつて「現代科学産業のビタミン」と言われていました。この「現代科学産業のビタミン」とは、ビタミンは少量でいいですが、お米であれば少量では済まないという意味で、現在では「現代科学産業の米」とまで言われるようになっています。それほどレアメタルの産出は重要な意味を持つのです。

Q 抗生物質って何？

A
細菌を殺す物質のことです。

牛乳やヨーグルトなどの乳製品と一部
の抗生物質を一緒に服用すると、含
まれるカルシウムやマグネシウムが抗
生物質と結合してしまい、体内に吸収
されにくくなります。

他者の成長を阻害したりするのは、自分自身を守るためです。

医療の現場で使われている抗生物質は、
ほかの細菌の成長を阻害したり、殺したりする性質を持ちます。
このようにして細菌を退治することで病気を治します。
また、抗生物質が効かなくなった菌を耐性菌と呼び、
これに対抗するには、これまでと違う抗生物質を使用するしかありません。

Q 抗生物質って、どうやって作られるの？

A 細菌の分泌物から作ります。

カビも細菌の一種です。そのカビが、ほかの
カビから自分を守るために分泌しているのが
抗生物質です。病気を治すときに、人間はそ
れを分けてもらっているのです。

薬を飲む際の飲み物の組み合わせにも注意しま
しょう。例えば、酸性の果汁が制酸剤の作用を
弱めることがあります。グレープフルーツに含ま
れる物質が薬の作用を強めてしまうこともある
ため、薬を飲む際は水にするようにしましょう。

ペニシリンは青カビの一種からとる
抗生物質です。ペニシリンの発見は
1928年。イギリスのフレミング博
士がブドウ球菌を培養中に、カビの
胞子がペトリ皿に落ち、カビの周囲
のブドウ球菌が溶解しているのに気
づいたことがきっかけです。チーズ
の製造に用いられるカビもアオカビ
の一種です。

② 抗生物質って、どんな病気でも治せるの？

A 全部の病気は、さすがに無理です。

細菌が原因の病気を治すことはできますが、インフルエンザや新型コロナウイルス感染症のような、ウイルスが原因の病気は治せません。

インフルエンザやコロナウイルスの感染を防ぐためには、アルコール消毒液やマスク予防が効果的と言われています。

③ 細菌やウイルスも生物なの？

A ウイルスは生物ではありません。

生命体（生物）の定義は、①自分で栄養を摂り、②遺伝で子孫を作り、③細胞構造を持っていることです。細菌は3つを満たしているので生物ですが、ウイルスは①と③を満たしていません。

★COLUMN5★

繰り返される感染病との攻防

エジプトのミイラに天然痘の痕跡が見つかっていることからわかるように、感染症は紀元前から人間に影響を及ぼしてきました。中世のヨーロッパではペストが大流行し、人口の3分の1が死亡、1日1万人の死者が出たと言われています。人の歴史を大きく変えてきた感染症ですが、ワクチンの開発や抗生物質が発見されたのは19世紀になってからなのです。

14世紀に大流行した黒死病。ペスト菌を保有するネズミなどのげっ歯類からノミを介して人に感染し、拡大していったと言われています。

Q 日焼けと火傷はどう違うの?

日焼けは、日差しに当ってから3分後には始まっていると言われています。また、日焼け後の肌は乾燥している状態なので、保湿をしっかり行いましょう。

A 日焼けは光で起こり、
　火傷は熱で起こります。

日焼けは身体の防御反応、悪い面もあれば、良い面もあります。

火傷は熱いものや熱いお湯に触れたときに起こります。
その程度は軽い「Ⅰ度」から重い「Ⅲ度」までの3段階に分類されます。
一方、日焼けは直射日光などに長時間晒されることによって起こるもの。
ただし、外科的には日焼けも「Ⅰ度」の火傷に分類されています。
症状がひどいときは病院に行くようにしましょう。

日焼けって、どうして起きるの？

A 紫外線に対する防御反応です。

紫外線が当たると皮膚はそれを防御しようとしてメラニン色素を生産します。これが日焼けで肌の色が黒くなる理由です。紫外線量がメラニン色素の防御能力を超えると、細胞組織が傷を受けます。それが原因で炎症が起きたり、ひどいときには水ぶくれができたりします。

皮膚を構成する層

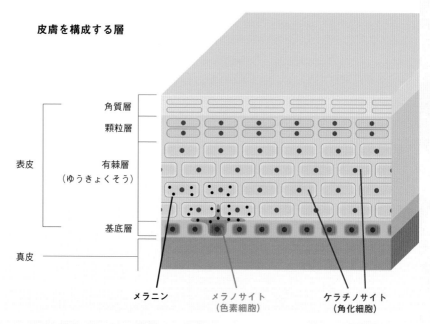

本来、メラニンはターンオーバーと共に排出されるものですが、ターンオーバーのサイクルがさまざまな理由で遅くなると、メラニンの排出がされず、消えなくなります。これが、シミとなるのです。メラノサイトはメラニンを生成する細胞、ケラチノサイトは皮膚を外界からのさまざまな刺激から守る細胞です。

② Q 日焼け止めって効果があるの?

A あります。

日焼け止めは、紫外線が肌に到達するのを防御して
くれます。しかし日焼け止めには複数種類があり、そ
の効果も、弱いものから強いものまでいろいろありま
す。その程度は「SPFの数値」や「PAの＋の個数」
で表されています。TPOを考えて、自分に合ったもの
を選ぶようにしましょう。

日焼け止めクリームの表記にあるSPF
とは、UVBによる病的な日焼け（サンバー
ン）を防ぐ効果を数値化したものです。

---

③ Q 紫外線は健康に悪いの?

A 良い面もあります。

日焼けの悪い面は、日焼けを起こして肌を傷め、
将来のシミやしわの原因となること。最悪、皮
膚がんの原因になることもあります。しかし良い
面もあります。それは紫外線によって体内でビ
タミンDが作られることです。ビタミンDが不足
すると背中が曲がってくる病（くる病）になる恐
れがでてきます。日焼けどころでは済みません。

サハラ砂漠では、夏の昼間の気温が50度近くまで上
がることも。紫外線の反射は雪面だけでなく、砂漠で
も起こるため肌だけでなく目の保護も必要です。

日焼けを回避するには?

日焼けの原因として恐れられている紫外線は、波長の長さが異なる3種類に
分類できます。波長の長いものからそれぞれ、しわやたるみの原因となるUVA、
日焼けによる腫れや水ぶくれを引き起こすUVB、皮膚ガンを起こす恐れがある
と言われているUVCがあります。このうち、UVCとUVBの一部はオゾン層で吸
収されています。日焼け止めクリームは、紫外線を吸収する化合物が含まれて
いるので、これを塗ることによってUVAとUVBの影響を軽減しているのです。

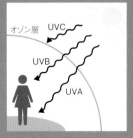

オゾン層　UVC
UVB
UVA

Q タンパク質って何？

A 体を作るのに
必要な栄養素です。

タンパク質の摂取量は、男性で1日65g、
女性は1日50gが目安とされています。

体を作るだけでなく、
酵素としても重要な栄養素です。

タンパク質は筋肉などを作る栄養素の代表格ですが、
中でも重要な働きは酵素になるということです。
タンパク質は構造体として動物の体を作るだけでなく、
酵素という機能体として生命活動の中枢を支えているのです。

タンパク質はすべて体にいいの？

A 病気の原因になることもあります。

タンパク質が原因で起こる病気はたくさんあります。2000年
代初頭に発生したBSE（牛海綿状脳症）は、タンパク質によっ
て起こった病気でした。最近では、パーキンソン病もタンパク
質の異常が原因となることがわかっています。さらに、白内障
は眼のレンズにある透明タンパク質が加齢によって不透明に
なった結果です。

犬の白内障は遺伝によるものが多いですが、人間では加齢が
原因で起こります。完全に防ぐことは難しいですが、食事など
に気を遣うことは発生時期を遅らせることに繋がります。

鶏肉にはタンパク質が豊富。低
カロリーで高タンパク質な部位
はささみです。

② 酵素って何？

A 生体内で行われる化学反応や
生化学反応を支配する物質です。

例えば、唾液に混じって食物を消化するのも酵素ですし、消化された食物を代謝して生命活動に必要なエネルギーを取り出すのも酵素です。また、DNAの分裂・複製に際して、遺伝情報の写し間違いを修正するのも酵素による働きです。

よく噛むと、消化酵素を含んだ唾液と食べ物が混じり合います。
唾液には抗菌作用などがあり、虫歯を防ぐ役割もあります。

---

③ ゆで卵を冷やしても生卵に戻らないのはなぜ？

A タンパク質の形が崩れてしまうからです。

タンパク質は長い紐状の分子ですが、ただ適当に丸まっているのではなく、Yシャツが畳まれるように、各タンパク質固有の約束に従ってキッチリと畳まれています。しかし、加熱されたり、アルコール、酸、アルカリなどの薬品に触れたりすると、この畳み方が崩れてしまいます。一度崩れたタンパク質は二度と元の形に戻ることはありません。BSE（牛海綿状脳症）の原因は、このように畳み方の崩れたタンパク質が原因でした。

卵はタンパク質が豊富なうえ、ビタミンAやビタミンDも含まれているので、私たちの生活には欠かせない食材のひとつです。

Q 猫アレルギーの人が
　いるのはなぜ?

くしゃみの原因は、
空気中に舞う猫のフ
ケが原因かも……。

A 猫が抗原を出すからです。

アレルギーは、
抗原と抗体の戦争です。

猫のフケなどの抗原がヒトの体内に入ると、
白血球がそれに対抗する抗体を作ります。
抗体は抗原を撃退しようとして争いになりますが、
これがアレルギーの正体です。

花粉アレルギーの抗原は？

A 花粉そのものです。

花粉は何種類もあり、それぞれが異なる抗原
になるため、異なる抗体ができて、異なるアレル
ギー反応が起こります。抗体ができるまで
数日から1週間かかります。似たようなものに、
食物アレルギーがあります。

美しい白樺並木。しか
しスギやブタクサ同様、
花粉が多い木です。

猫に触れたら必ず手を
洗うようにしましょう。

② お酒に強い人と弱い人がいるのはどうして？

A 有害物質を無害化できるかどうかの違いです。

お酒の成分のエタノールが休に入ると、アセトアルデヒド（C_2H_4O）という有害物質になります。これを無害化する酵素があるのですが、その量は人によって違います。この酵素が多い人はお酒に強く、少ない人は弱いというわけです。

お酒を飲んで顔が赤くなるのはアセトアルデヒドが原因。酵素が少ないとアセトアルデヒドが分解されず、血液中を巡るせいで赤くなるのです。

---

③ アナフィラキシーショックって何？

A アレルギー症状の強いものです。

ときには自らの生命を奪うこともある人体の反応です。前にアレルギーを起こしたことのある抗原が再び体内に入ってくると、たっぷり用意されていた抗体が一斉に攻撃をします。それは空き巣犯逮捕に軍隊が出動するようなもので、戦場となった人体はとんでもない被害を受けることになるのです。そばを食べたときや蜂に刺されたときのアナフィラキシーショックがよく知られています。

蜂毒は反応が早いので、刺されてから15分足らずで症状が出てしまいます。速やかな治療が必要です。

★COLUMN7★

「しすぎ」は禁物！

「後天性アレルギー」という言葉を知っていますか？　これは、6歳よりあとに発症したアレルギーのことです。一般的に食物アレルギーに関して乳児期〜6歳までは消化器官の成長段階にあるため、その頃にアレルギーとして認識していた食べものでも、成長するにしたがって食物成分として選別されるようになり、食べられるようになるものもあります※。しかし、食べ「すぎる」ことによって後天的にアレルギーを発症することがあります。また、これに似た症状として「職業性アレルギー」というものがあります。これは、花・植木小売業や林業で花粉症を発症したり、パン製造業でぜん息を発症したりするものです。同じものを極度に摂取しすぎると、抗体が過剰反応をすることがありますので、気をつけましょう。

※自己判断せず、医師の判断に従ってください。

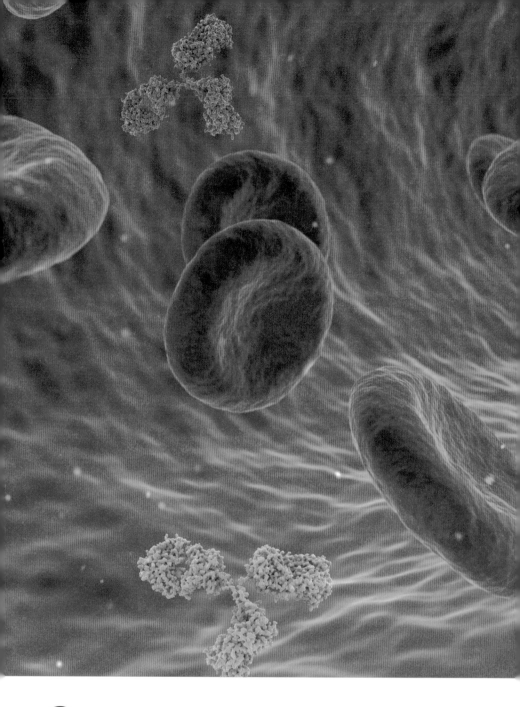

Q 人の血液が赤いのはなぜ？

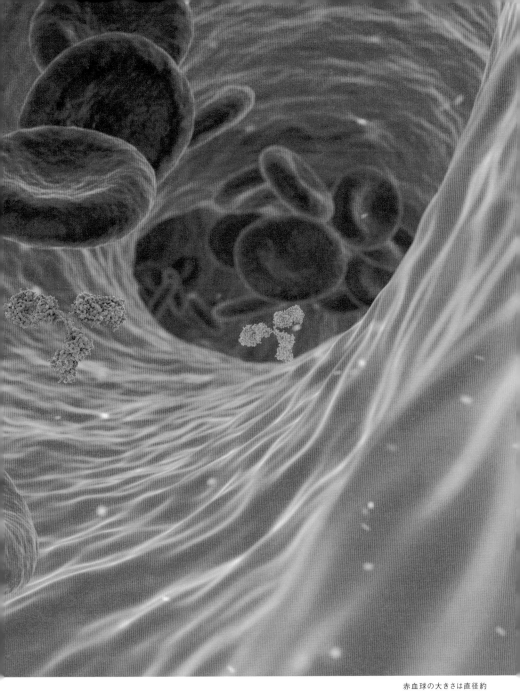

A 赤血球にヘモグロビンが
含まれているためです。

全身の細胞に酸素を運び、外敵から身を守ってくれます。

血液は「赤血球」「白血球」と呼ばれる細胞からできた血球と、
「血漿」と呼ばれる薄黄色の液体からできています。
血液は、酸素や栄養分、老廃物の運搬のほか、
免疫機構として外敵の侵入阻止などの役目を担っています。

① 赤血球の役割を教えて！

A　酸素の運搬を担っています。

赤血球の中にはヘモグロビンと呼ばれる酸素運搬タンパク質が入っています。ヘモグロビンには、ヘムという分子が結合しており、ここに鉄原子が入っています。この鉄が肺で酸素と結合して、酸素を全身の細胞に運搬しているのです。細胞に酸素を渡したヘモグロビンは空になって肺に戻り、再び酸素と結合して全身へと運ばれるのです。

② 白血球はどんな働きをしているの？

A　外敵から身体を守ってくれます。

白血球のアメーバ運動

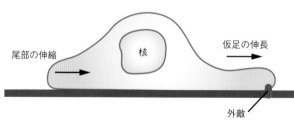

尾部の伸縮　核　仮足の伸長　外敵

白血球にはたくさんの種類があります。体内に外敵が入ってきたときにそれ食べてしまう食細胞、外敵を狙い撃ちにするスナイパーのような細胞、抗体を作るB細胞などがそれです。ちなみに、これらが共同して働くのが免疫機構と言われるものです。

体内に細菌などの異物が侵入すると、白血球がアメーバ運動をし、異物の元へ行きます。そして、触手のようなもので捕獲し、食べます。この一連の働きを「貪食」と言います。

スーパーで見るタコやイカは血抜きされているので、青い血を見る機会はなかなかありません。釣ったばかりのタコやイカでは見られることがあります。

③Q 動物の血液はみんな赤いの？

A イカやタコの血液は青いです。

哺乳類の血液に含まれるヘモグロビンの代わりに、イカやタコなどの血液にはヘモシアニンと呼ばれる物質が含まれています。ヘモシアニン自体は無色ですが、銅を含んでおり、酸素と結合すると青くなる性質があります。そのため、イカやタコの血液は青いのです。

Q DNAって何？

A 遺伝情報の暗号です。

人間の DNA とチンパンジーの DNA は 98.8％同じと言われています。

DNAとは、
タンパク質の設計図のことです。

タンパク質は生命を支える物質で、
20種類のアミノ酸が、適当な個数、適当な順序で並ぶことでできています。
DNAは、そのアミノ酸の種類と並び方を書いた、
いわばタンパク質の設計図のようなものです。
ちなみに、人間のタンパク質は何十万種類もあります。

Q 遺伝子とDNAって同じなの？

A 違います。

DNAのうち遺伝に必要とされるのは、長さでいうと5%ほどの部分だけだと考えられています。機能が特定されている部分を遺伝子、特定されていない部分をジャンク※DNAと呼んでいます。
※ジャンクはガラクタと言う意味です。

近年の研究で、ゾウのジャンクDNAには、がんを抑制するメカニズムがあることがわかっています。

② DNAには肌や髪の色が書いてあるの？

A 配列そのものが
設計図になっています。

DNAの「設計図」に従って作られたタンパク質が酵素となって人間そのものを作ります。この「設計図」には4つの塩基が特有の順序で配列されており、この塩基配列の中にアミノ酸配列の情報が含まれています。この組み合わせが酵素を作り、肌の色や髪の色に影響しているのです。

生まれつきメラニン色素が少ないため、肌や髪の色が少ない「アルビノ」。動物だけではなく、人にも世界で約2万人に1人の割合で存在しています。

③ RNAとDNAは何が違うの？

A 役目が違います。

DNAは主に核の中で情報の蓄積・保存をする役割があります。RNAは、DNAの中から遺伝子部分だけを取り出して編集されたものです。RNAは、DNAの設計図に沿ってタンパク質を作る実働部隊として活躍します。

RNA は DNA から転写されてできますが、RNA は二重螺旋構造ではなく、1本鎖となります。

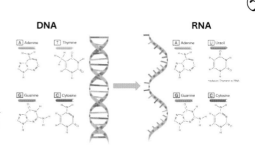

★COLUMN8★

DNAの二重螺旋構造である大切さ

いわゆる高等動物はDNAとRNAの両方を持っていますが、微生物やウイルスの中にはどちらか片方しか持っていないものもあります。通常、遺伝にはDNAが用いられますが、RNAしか持たないウイルスなどは、RNAが遺伝の役目も担っています。例えば人間のDNAは二重螺旋構造で、鋳型の関係であるため、組み合わせが間違っていると酵素が修正してくれます。しかし、ウイルスが持っているのは1本の螺旋のため、間違いを正す機能がなく、突然変異が起こりやすくなります。ウイルスの変異種が生まれやすいのはこのためです。

Q

ガムって、
何からできているの？

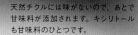

天然チクルには味がないので、あとで
甘味料が添加されます。キシリトール
も甘味料のひとつです。

A　昔は天然チクルでしたが、
　　現在はいろいろです。

チクルが採れる木をサポジラといい、西インド諸島や中南米で
栽培されているアカテツ科の常緑高木です。

伸ばすと縮まないのがガム、伸ばしても縮むのがゴム。

かつて、中央アメリカの原住民が噛んでいたガムは天然チクルで、
植物由来のゴムに似たものでした。
現在のガムには、天然チクル、合成ゴム、各種プラスチックが混じっています。

Q ガムとゴムって同じなの？

A 原料は同じですが、高分子の構造が少し違います。

天然チクルは高分子で、単位分子はイソプレン（植物から自然発生する分子）です。これは天然ゴムも同じですが、イソプレンが繋がって高分子になるときにシス型とトランス型になります。天然ゴムは90％以上がシス型で、天然チクルはトランス型が75％です。つまり、単位分子は同じですが、繋がり方が少し異なるのです。

水に浮かべて遊ぶこのおもちゃも、ゴムでできています。

チューイングガムの原料はサポジラの幹を傷つけると出てくる乳汁です。

② 伸びたガムが元の長さに縮まないのはなぜ？

A 伸ばすとバラバラにちぎれてしまう分子でできているからです。

高分子であるガムの分子は長い糸状です。普段はこれが縮まっていますが、ガムを伸ばすと糸状の分子も真っ直ぐに伸びます。ところが、その先はズルズルとほどけて、やがてばらけてしまうのです。

---

③ では、ゴムが縮むのはなぜ？

A 分子がバラバラにならないように繋がっているからです。

私たちが見る伸び縮みのするゴムは、天然ゴムにイオウを加えて練ったものです。こうすると、ゴムの糸状分子が互いにイオウで繋がって架橋構造になります。そのため、伸ばしてもバラバラにちぎれないのです。

ゴムの木はイチジクの仲間。実がなりますが、食用ではありません。

---

④ チクルが原料のガムも風船のように膨らむの？

A 膨らみません。

風船ガムには、酢酸ビニル樹脂が使用されています。成分がまったく違うので、チクルを原料としたガムはいくら頑張っても大きく膨らませることはできません。

チクルは噛み応えを決める原料ですが、膨らませて風船のようにすることはできません。

Q
灰汁抜きの「灰汁」って何？

A

その名の通り、
灰を水に溶かしたものです。

植物の燃えカスの白い粉、
水に溶かすとアルカリ性になります。

植物を燃やすと酸化し、気体の酸化物と固体の酸化物になります。
気体の酸化物は揮発してなくなりますが、固体の酸化物は残ります。
これが植物を燃やしたあとの灰の正体です。

○ 植物を燃やすと白い灰が残るのはなぜ？

A 植物に金属（ミネラル）が含まれているからです。

植物を構成するのは、デンプンやセルロースなどの炭水化物だけではありません。鉄やカルシウムなどの金属も含まれています。これらは燃えると酸化物になりますが、これが白い粉（灰）の正体です。ちなみに、金属酸化物を水に溶かすとアルカリ性になります。

灰は畑の肥料や防虫剤、除雪剤としても使用できます。

② 炭水化物を燃やしたらどうなるの?

A 二酸化炭素と水になります。

炭水化物は、炭素（C）と水素（H）と酸素（O）からできています。これを燃やすと、炭素は気体の二酸化炭素（CO_2）になり、水素と酸素は気体の水蒸気（H_2O）となって揮発します。

室内で石油ストーブやファンヒーターなどを使用する場合、室内の空気（酸素）を使って燃焼し、排気ガスを室内に出します。必ず、換気をするようにしましょう。

③ 灰汁抜きについてもっと教えて!

A 毒草の毒を無害化してくれます。

例えば、山菜のワラビには一過性の毒と発がん性を併せ持つ毒が入っています。しかし、灰汁に浸けると、灰汁のアルカリ性によってそれらが加水分解され、無害化されるのです。

灰汁抜きとは調理方法のひとつ。植物のえぐみや苦みを抜くことができます。ワラビは重曹でも灰汁抜きができます。

★COLUMN9★

灰汁抜きは一石三鳥

煮物など、コトコト煮ていると出てくる泡。野菜や肉から出たこの泡＝アクを取ることは、見た目やえぐみを避けるだけではありません。毒草の毒を無害化したり臭みを軽減したりと、アクをしっかり取ることは、調理における大切な作業なのです。

Q
電子レンジでも「火が通る」と
言うのはどうして？

A

火を使って調理するのと
同じようなことをしているからです。

電子レンジで温めようと、コンロで焼こうと煮ようと、食品を加熱することに違いはありません。そのため、いずれの方法にしても加熱が完了したことを、慣習的に「火が通る」と言っているのです。

加熱のムラは、温められる物質が均一ではないことが原因。これを解決するために、電子レンジにはターンテーブルがついています。

電子レンジで温められるのは、
食品に含まれているアレのおかげ。

電子レンジは、電磁波を物質に飛ばすことで、
内側にある水分子に働きかけて加熱します。
電子レンジの内側の壁は金属でできており、電磁波を反射します。
アルミホイルで包んだものや金属を含むもの、
ホーローの器に載せたものの加熱は、行ってはいけません。

 ## 電子レンジでどうして加熱できるの？

A 食品に含まれる水分子を振動させるからです。

食品に含まれている水分子に電磁波を照射
することで、その水分子が振動します。この
結果、水分子がほかの分子と摩擦したり衝突
したりして発熱し、物質を内部から温めること
ができるのです。

芋類やにんにくのような水分の少ない食
材は、加熱しすぎると焦げたり発火した
りすることもあるので注意しましょう。

日本で家庭用ターンテーブル
式レンジが発売されたのは、
1966年。それ以来、進化を
遂げ現在に至ります。

② 電子レンジで加熱できないものってある？

A 水分を含まないものは
加熱できません。

ほとんどの食品は水分を含んでいるの
で、電子レンジで加熱することができま
す。ただし、卵やジャガイモは、内部で水
分が蒸発して爆発することがあるので、
穴を空けてから加熱するようにしましょう。

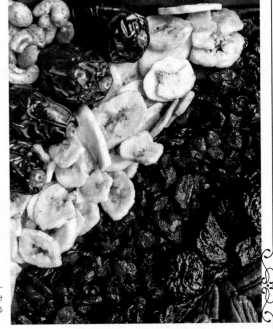

卵のほか、鷹の爪、ドライフルー
ツなどの乾物は電子レンジにかけ
ると、異常過熱が発生し出火する
可能性があるので危険です。

③ 電子レンジで、氷を溶かすことはできるの？

A できますが、時間がかかります。

氷は水の結晶です。氷の水分子はいわば固いスクラムを組んでいる状態です。電磁波を照射されても振動
しようとはしません。電子レンジの場合、氷は水に比べて8000倍も加熱されにくいのですが、やがて表面か
ら溶けていきます。溶けたら普通の水ですから少しずつ加熱されていき、その熱い水が氷を溶かしていきます。

★COLUMN10★

電子レンジのはじまりは、軍事用レーダー？

電子レンジは、とある失敗からできたものだと知っていましたか？　1945年、アメリカの軍事技術関連産業の
レイセオン社の社員がレーダー用の電磁波であるマイクロ波を誤って自分のポケットにあててしまいます。そのと
きに偶然、ポケットに入っていたチョコレートが溶けてしまったのが、電子レンジのはじまりなのです。

Q
糖度ってどうやって決まるの？

A
ショ糖の含有量で決まります。

砂糖の糖度は、砂糖に含まれるショ糖の成分の割合で決まります。つまり、糖度の高さはショ糖の純度を指しているのです。

お菓子作りに欠かせない粉糖は、グラニュー糖を細かく粉状にしたものです。

実用化されていないけれど、砂糖の30万倍甘いものもある。

舌には味覚を感じる味蕾という部位があり、
苦み・酸味・塩味・甘味などを感じることができます。
甘味は、甘味を感じる味蕾に甘味物質が結合したときに感じられます。

Q 人工甘味料って何？

A 人間が化学的に作り出した甘味の素です。

甘いものというと砂糖のほかにも、果物、蜂蜜、飴などがあります。これら天然甘味料に対して、人間が化学合成によって作り出した甘い化学薬品を「人工甘味料」と言います。なぜ甘くなるのか、その理由は良くわかっていませんが、結果的に舐めてみたら甘かったということです。

砂糖は紀元前のインドで既に使われていたと言われています。日本には奈良時代に唐から伝わったという説があります。

人工甘味料は、ダイエット飲料やガム、焼き菓子などに使用されています。

$\overset{?}{Q}$ 人工甘味料って健康に悪くないの？

A 現在流通しているものは安全と考えて良いでしょう。

人工甘味料には、スクラロース、アスパルテーム、アセスルファムKなどがあります。スクラロースは、砂糖分子の8個のOH原子団のうち3個を塩素原子 (Cl) に換えたもので、アスパルテームはタンパク質の原料であるアミノ酸分子が2個結合したものです。ズルチンは、死亡者が出たため現在では使用禁止になっていますが、現在国内で流通している人工甘味料は、厳重な審査を通っているので、安全と考えて良いでしょう。

$\overset{?}{Q}$ 世界一甘いものって何？

A ラグドゥネームです。

甘さは砂糖の30万倍あると言われています。ちなみに砂糖を基準とした、主な甘味料の甘さは次の通り。ソルビトール（天然物0.6）、キシリトール（天然物1）、果糖（天然物1.2〜1.7）、アスパルテーム（200）、アセスルファムK（200）、リッカリン（500）、スクラロース（600）、ネオテーム（1万）、アドバンテーム（2〜4万）。ちなみに、ラグドゥネームはまだ実用化されていません。

1996年に人工甘味料ラグドゥネームがリヨン大学で発見されました。毒性については不明とされており、まだ実用化はされていません。

主な甘味料の甘さ

ソルビトール	天然物0.6
キシリトール	天然物1
果糖	天然物1.2〜1.7
アスパルテーム	200
アセスルファムK	200
サッカリン	500
スクラロース	600
ネオテーム	1万
アドバンテーム	2〜4万

Q 水に溶けるものと、溶けないものがあるのはなぜ？

水彩絵の具は、主に顔料とアラビアゴムなどを練り合わせて作られた水溶性の絵の具です。

A 水に似た構造・性質のものが水に溶けます。

似たものが、似たものを、溶かすことができる。

性質や構造の似たもの同士は、互いに引き合って混じりあうため、溶けます。
逆に、似ていないもの同士は、引き合おうとも混じり合おうともしません。
そのために溶けないのです。

金が溶ける液体ってあるの？

A　たくさんあります。

例えば、液体金属である水銀は、金を溶かして泥状のアマルガム（水銀とほかの金属との合金）にします。これは金と水銀がともに金属で、性質や構造が似ているためです。ヨードチンキ（ヨウ素の殺菌作用を利用した殺菌薬・消毒薬）や猛毒の青酸カリの水溶液も金を溶かします。

金は通貨、伝統工芸品、工業用品などさまざまな用途がありますが、
その多くは宝飾品が占めていると言われています。

油絵の具って油が混ざっているの？

A　自分で油を混ぜます。

油絵の具は不溶性の顔料を油で練っています。そのため水に溶けず、油に溶けます。逆に水彩絵の具は、
水性の顔料でできているので、水に溶けます。

③ 気体も水に溶けるの？

A 空気も水に溶けます。

魚は水に溶けた空気（酸素）を吸って生きています。水の温度が上がると気体は溶けにくくなりますが、金魚鉢の金魚が夏になると水面に口を出してパクパクするのは水中の酸素が少なくなっているからです。

金魚をポンプなしで飼う場合は、水量に対して金魚を少なくすること、そしてこまめに水を取り替える必要があります。

④ 二酸化炭素も水に溶けるの？

A 溶けて、炭酸になります。

二酸化炭素が水に溶けると、水と反応して炭酸と呼ばれる酸になります。炭酸飲料はこの炭酸ガスが溶け込んだ飲み物です。また、海水には膨大な量の二酸化炭素が溶けていて、温度が上がるとその二酸化炭素が空気中に放出されます。

炭酸飲料を振ると泡が出るのは、炭酸が液体の外に出ようとしているからです。

Q

火薬などを扱っていない倉庫が、
爆発する事故が
ときどきあるけれど、原因は何？

A

「粉塵爆発」です。

倉庫にある小麦や砂糖が爆発しているのです。

「粉塵爆発」のイメージ。製粉
されたものが大気中に浮遊し
た状態で着火することで粉塵
爆発は起きます。

暮らしに身近な小麦粉を、化学の目で見てみると……。

小麦粉、粉砂糖、金属粉末のような
可燃性の粉末（粉塵）が空気中に飛散している場所で、
電気スパークなどで火花が発生すると、粉が次々と燃え広がり、大爆発になります。
このような爆発を「粉塵爆発」と呼んでいます。
ここでは、粉塵爆発の原因となることもある小麦粉を
化学の視点で見てみることにしましょう。

Q 「粉塵爆発」以外の爆発について教えて！

A 水蒸気によるものもあります。

エビの天ぷらを作るときに、油が跳ねることがよくあります。これは尻尾の中の水が気化して、体積が急増したことによる爆発です。爆発には、火薬の爆発のように発火を伴うものと、風船の爆発のように発火を伴わないもの（破裂）があります。エビの尻尾の爆発は、水の沸騰による体積膨張によるもので、これを一般に「水蒸気爆発」と言います。ちなみに、生卵を電子レンジで加熱するときに起こるのも水蒸気爆発です。

天ぷらを揚げるとき、なるべく油跳ねをしないようにするには揚げる前にしっかり水気を取り、下準備のあとは放置せずさっと揚げてしまいましょう。下準備のときに身に切れ目を入れると空気の逃げ道ができてさらに油跳ねを軽減できます。

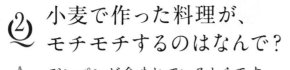

② 小麦で作った料理が、モチモチするのはなんで?

A デンプンが含まれているからです。

デンプンは、螺旋状の構造を持つアミロースと枝分かれ構造のアミロペクチンの2つに分けることができます。もち米が100%アミロペクチンであるのに対し、小麦粉はアミロペクチンの含有量が60〜70%に留まります。そのため、アミロペクチンによるほどよい粘り気とアミロースによる弾力のあるモチモチ感が生まれるのです。

③ パンのタネが伸びるのはなぜ?

A グルテンの働きです。

グルテンは小麦粉独自のタンパク質。小麦粉に6〜15%入っているタンパク質のうち、およそ85%を占めているのがグリアジンとグルテニンです。グリアジンは弾力があり伸びにくいという性質を持ち、グルテニンは弾力が弱くて粘着力が強く伸びやすいという性質を持っています。小麦粉に水を加えて練ることで、両方の性質を合わせ持ったグルテンというタンパク質が生まれるのです。

パンなどのタネを寝かせることでグルテンを反応させています。

★COLUMN11★

うどんのコシの秘密は塩

「讃岐うどん」「稲庭うどん」など全国で親しまれているうどん。麺は基本的に、小麦に2〜6%程度の塩を加えて練られた生地から作られています。塩が小麦粉のグルテンを引き締め、生地の弾力性を増加させるのです。ちなみに、生地に加えた塩分の約90%は茹でる間に麺から失われます。

Q

ぬか床はどうして
毎日のお手入れが必要なの？

野菜から水分が出てぬか床が水っぽくなったときは、溜まった水分をキッチンペーパーなどで吸い取りましょう。そのままにしておくと悪い菌が発生しやすくなります。

A

嫌なにおいやカビを防ぐためです。

ぬか床の中の主な細菌は乳酸菌ですが、ほかにもカビ菌や酪酸菌も存在しています。カビ菌は酸素が好きなので底に沈め、酪酸菌は酸素が嫌いなので表面に引き出して、大人しくさせる必要があるのです。そのため、毎日かき混ぜる必要があるのです。

発酵は、細菌の活躍によって、さまざまなところで活用されています。

ぬか床にはさまざまな細菌が住みついています。
菌は漬けられた野菜などの養分を吸って、乳酸に変えます。
また、ぬか床の「ぬか」にはビタミンB群が多く含まれていますので、
野菜をぬか漬けにするとビタミンB_1の含有量が増えます。

乳酸菌がぬか床に少ないと、ボツリヌス菌が繁殖することもあるので要注意！

発酵について詳しく教えて！

A アルコール発酵と乳酸発酵がよく知られています。

アルコール発酵は酵母が行うもので、グルコースをエタノールと二酸化炭素にします。エタノール部分を利用したのがお酒で、二酸化炭素部分を利用したもの（発泡）がパンになります。乳酸発酵はヨーグルトや漬物などに利用されますが、乳酸菌という特定の細菌がいるわけではありません。乳酸を生産する菌はすべて「乳酸菌」と呼ばれているのです。

ワインは酵母によるアルコール発酵で生まれます。辛口・甘口はブドウの糖をどれだけアルコールに変化させるかによって決まります。

② 発酵と腐敗ってどう違うの?

A 人間の役に立つのが発酵、害になるのが腐敗です。

発酵も腐敗も、微生物(細菌)が食物に作用して、食物の成分を変化させる現象です。メカニズムは同じですが、ヒトの主観で区別しています。おいしい味や良い香りなどの作用が働いたものは「発酵」。嫌な味や臭い、さらには健康を害する作用が働いたものは「腐敗」としています。

発酵食品には腸内の善玉菌の働きを助け、人間の腸内環境を調える役割があります。

③ 発酵についてもっと教えて!

A 食品以外にも利用されています。

例えば、麻の茎から麻の繊維を取り出す際には、茎を水に浸けて発酵させてから皮などの不要部分を取り除いています。紅花染めは、紅花を発酵させて赤の発色を鮮やかにしています。焼き物に使う粘土も、土の中に含まれる有機物を発酵させて粒子間の粘りを出しています。壁土には切り藁を混ぜますが、これも発酵させて土に馴染ませてから使っています。このようにさまざまなところで発酵は利用されているのです。

焼き物は、発酵させて粘りを出した粘土で生成することで、焼いたあとの割れやひびを防ぐことができます。

マグロのトロがとろけるように
感じるのはなぜ?

トロはマグロの腹部にある脂ののった
部分のことです。摂れる量はマグロの
種類や個体の体質で変わってきます。

A
脂が口の中で融けるからです。

「とろける」ような味の決め手は、脂の融ける温度にあります。

「とろける」という感覚は、主に脂が口内の温度で融けることから生じます。
「油」と「脂」は、ともに「あぶら」と読みますが、
15〜25℃くらいの常温で液体であるか、固体であるかによって区別しています。
常温で液体の油脂を「油」、常温で固体の油脂を「脂」としているのです。

Q 氷が口の中で融けるのはなぜ？

A 人間の体温より融点が低いからです。

堅い固体でも口の中で融けるものは、口の粘膜と固体の接地面が融け、液体になった部分を感じることになります。そのため口当たりが良くなり、トロッととろけたように感じるのです。マグロのトロも同じ理由です。

『枕草子』には削り氷（かき氷）についての記載があります。平安時代からかき氷は親しまれていました。

Q 生の肉でもとろけるように感じる？

A 牛肉がとろけることはありません。

牛の脂、ヘットの融点は40〜50℃ですから、口の中で溶けることはありません。しかし、鶏の脂は30〜32℃、馬の脂は30〜43℃ですから、口の中でとろける可能性はあります。

③ Q 鯛の刺身がとろけないのはなぜ？

A 脂が少ないからです。

鯛は脂が少なく、淡白な魚です。そのため、口に入れても溶ける脂が少なく、とろけた感じはしません。マグロのトロの旨みは主に脂の旨みです。それに対して鯛の旨みはタンパク質やアミノ酸の旨みなのです。そのため鯛は、活き作りよりも活き締めにしてから数時間たったもののほうがおいしいと言われます。タンパク質が分解してアミノ酸になり、旨みが出てくるからです。

④ Q 手で割れるチョコレートが、口の中では融けるのはどうして？

A カカオバターの融け出す温度が、口内の温度とほぼ同じだからです。

チョコレートと名乗るにあたって欠かせないのが「カカオバター」です。植物の実を発酵させて作る油脂なので、植物性油脂に分類されます。このチョコレートの主成分とも言えるカカオバターの融点は32〜36℃と、口内の温度とほぼ同じ。そのため、口に入れた途端に融けるのです。

「神の食べ物」と言われていたチョコレート。紀元前のマヤ・アステカ文明ではカカオをすりつぶしたものを薬として飲用していました。16世紀初めごろになると、貴重な嗜好品として王族や貴族に飲まれるようになってきます。

★COLUMN12★

江戸時代の人は、マグロのトロが嫌いだった？

江戸時代の技術では、鮮度を保った保存が難しく、トロは腐りやすいこともあってあまり好まれていなかったと言います。赤身を醤油で漬けにし、トロの部分は捨てるのが定番だったようです。

江戸時代の魚市場の様子を描いた錦絵。
「江戸名所日本ばし」歌川広重 国会図書館所蔵

Q おいしい毒キノコってあるの？

A あります。

ヒトヨタケは油で炒めるとおいしいですが、そのあとでお酒を飲むとひどい二日酔いになります。ニガクリタケ、スギヒラタケは煮物や汁物にするとおいしいと言われていますが、命を落とす危険もある毒キノコです。

消化器系の中毒症状が出る可能性があると言われているアカタケ。死に至らない毒キノコもありますが、中には触れるだけで皮膚がただれる危険なものも存在します。

毒キノコは、その種類によって、さまざまな症状を引き起こします。

毒キノコは一見するとおいしそうに見えるものから、
見るからに毒々しいものまでさまざまです。
また、症状の出方も即効性のあるものや、
時間を置いて影響が出るものだけでなく、
食べ合わせなどで悪影響が出るものもあります。

毒キノコの毒について教えて！

A キノコによって毒の種類が異なります。

毒キノコに含まれる毒はいろいろです。これらの毒は化学物質であり、バイキンのような生物、あるいは熱変性しやすいタンパク質ではないので、煮ても焼いても消えないものが大半です。

アシベニイグチはムスカリン類の毒を含み、食べると数十分〜1時間ほどで腹痛や下痢などの胃腸系の中毒症状が出ます。

食用キノコと毒キノコを見分ける手段はありません。もし野生のキノコを食べて体調を崩した場合は、すぐに病院に行きましょう。

② 毒キノコを食べたらどうなるの？

A 種類によって症状は異なります。

種類によって、お腹をこわす、幻覚を見る、肝臓や腎臓がズタズタになるなど、いろいろな症状が出ます。猛毒であるシロツルタケは食べると下痢になります。そのうえ数日後、劇症肝炎のようになって命を落とすこともあります。マジックマッシュルームは食べると幻覚症状を起こし、中にはマンションから飛び降りて亡くなったりする人もいます。ドクササコを食べると、指など体の先端部分が赤く腫れて何日間も激痛が襲います。中には耐え切れずに自殺する人もいると言います。

シロツルタケは日本で見られる最も危険な毒キノコのひとつ、ドクツルタケに酷似しているため避けるべきキノコとしても知られています。

③ 毒キノコを簡単に見分ける方法ってないの？

A ありません。

「縦に裂けるキノコは食べられる」「銀のカンザシを挿しても黒くならなければ食べられる」などの説もありますが、これらはすべて俗説に過ぎません。銀はイオウに触れると黒くなりますが、ほとんどの毒キノコにイオウは含まれていません。図鑑で調べたり、詳しい人に聞いたりする以外に、毒キノコを見分ける方法はないのです。

★COLUMN13★

そもそも毒って何？

毒とは、生き物にとって何かしらの障害を起こすものを指します。毒の中で、天然毒の物質を「毒素」と呼びます。また、一口に毒と言っても、作用別に神経毒（トリカブトの毒やモルヒネ）、血液毒（一酸化炭素中毒やヘビ毒）、細胞毒（有機水銀や発がん物質）などがあります。また、ある生物にとっての毒が別の生物には毒ではない「選択毒性」もあり、たとえばタマネギ、ニンニク、ニラなどのネギ属に含まれるアリルプロピルジスルファイドなどは、ネコやイヌ、ウサギが少しても摂取するとヘモグロビンが酸化することで溶血性貧血を起こし、中毒を起こして死亡することもあります。

Q 地球の重さってどれくらい？

© JAXA

A 約60垓トンです。

「垓」は「がい」と読みます。億、兆、京の次の単位です。
写真は、静止気象衛星「ひまわり」から見た地球の画像。

とてつもなく重いけれど、
地球は少しずつ軽くなっています。

地球の重さは約60垓トン＝6000000000兆トンですが、
地球の重さは、実は年々変化しています。
地球には、毎年約5万トン分の隕石や無数の塵が降ってきている一方、
地球上の水素とヘリウムが毎年9万トンずつ宇宙に飛んでいっているためです。
結果として、地球の重さは毎年約4万トンずつ減っているのです。

⏻ 地球は何からできてるの？

A　ざっくり言うと、鉄です。

地球は「水の惑星」と言われますが、構成する元素で見ると「鉄の惑星」と言ったほうが良いかもしれません。
地球を構成する元素の割合は、鉄（34%）、酸素（29%）、ケイ素（15%）、マグネシウム（12%）、ニッケル（2%）
とされています。意外と酸素が多く感じるかもしれませんが、多くの酸素は酸化物として存在しているためです。
例えば、砂の主成分である二酸化ケイ素（SiO_2）の53%は酸素の重さです。

アリゾナ州にあるクレーター「バリンジャー・クレーター」。隕石のほとんどは火星の軌道と木星の軌道のあいだにある小惑星帯から飛来してくると考えられています。

② 地球の内部はどうなっているの？

A 溶岩でできています。

地球の外側は、いわゆる大地に相当する「地殻」ですが、その内側はマントルと呼ばれる、2,000℃以上もある溶岩です。中心に近い部分は核と呼ばれ、高い地圧のために固体状になっていますが、温度は太陽表面に近い6,000℃にもなります。

地球内部で融けた状態のものをマグマ、マグマが外に出てきたものを溶岩と言います。ハワイ島のキラウエア火山は、溶岩を間近で見られる火山として、観光地化されています。

③ マントルについてもっと教えて！

A 大陸を動かす原動力となっています。

地球の大陸は何枚かに分かれたプレートになっています。マントルが大陸として海嶺に湧き出し、反対部分が海溝に沈んでマントルに飲み込まれていくのです。このような動きを繰り返すことで、大陸は長い年月をかけて移動します。これを「プレートテクトニクス理論」と言います。数億年後には世界地図もまた大きく変わっていることでしょう。

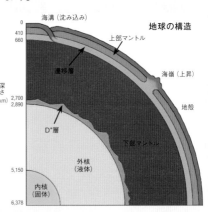

地球の構造

地球には、地表面から地下おおよそ5〜60kmまでの厚さの地殻があり、その下層にマントルがあります。

Q 月が地球に落ちて
こないのはなぜ?

地平の月と真上の月のように、位置によって
月の大きさが違うように見えることを「天体
錯視」と呼びます。これは、月だけでなく太
陽や星座でも起こる現象で、その原因はまだ
解明されていません。

Ａ 地球の引力と月の飛び去る力が
釣り合っているからです。

大きいものが小さいものを引っ張る、質量によって変わる力があります。

物質には引力が発生します。言い換えると「引き寄せる力」のことで、
地球だけに引力があるわけではなく、
物と物の間には常にこの力が働いています。
この引力は、物の質量に比例しています。
引力に似た言葉に重力というものがありますが、
これは地球上のものが受ける力のことで、
引力と地球の自転による遠心力が合わさったものが重力です。
重力は自転する星すべてで発生しています。

 ## 太陽と地球の引力の関係を教えて！

A 太陽の引力と地球の遠心力が釣り合っています。

太陽は地球より重いので、引力も地球より大きくなります。したがって、太陽が地球に引かれて地球に落ちるのではなく、地球が太陽に引かれて太陽に落ちるのが当然です。幸いなことに、太陽の引力と地球の遠心力が釣り合っているので、地球が太陽に落ちることはありません。

月は常に地球に同じ面を向けているので裏側を見ることはできません。

② 引力が小さいと高くジャンプできるの？

A 例えば、月では地球の6倍高くジャンプできます。

月は地球より質量が小さいので、引力も地球より小さく、およそ6分の1になります。つまり、同じ力で飛び上がれば、地球より6倍高く飛び上がることができます。男子高跳びの世界記録は2.45mですから、月で跳んだらおよそ15m、すなわち5階建てのビルを飛び越えるほどになります。

1969年7月20日に、宇宙飛行士のニール・アームストロングが人類で初めて月面に降り立ちました。当時の映像で、月の上を飛ぶように歩く姿を見たことのある人も多いでしょう。

③ 月はどうやってできたの？

A 地球の破片が集まってできたという説があります。

月の成因にはいくつかの説がありますが、有力なのは、46億年前の原始地球に火星ほどの巨大天体が衝突したとする説です。当時溶岩状だった地球からは巨大な溶岩が飛び散りましたが、これが互いの引力で引き合って集まり、月になったというのです。

月と地球の距離は384,400km。赤道の周りを10周したくらいの長さです。

④ 質量のあるものには、すべて引力があるの？

A 小さな分子の間にも引力はあります。

引力にはいくつか種類があり、分子間で働く分子間力、質量をもつすべての物体の間に働く万有引力、電荷同士の間に働く静電引力などがあります。

Q オーロラはどうやってできるの？

オーロラの名前は、ローマ神話に登場する暁の女神アウロラに由来しています。

A 太陽風が
　地球の大気に当たってできます。

地球上の大気が太陽風の力で緑や赤や紫色に輝きます。

地球には磁気があり、それが磁場となって
地球に降り注ぐ放射線や微粒子から地球を守っています。
本来、この磁場は地球の周りに均等にあるものですが、
太陽からは太陽風という水素イオンや電子でできた「プラズマの風（流れ）」が吹いています。
これが地球の空気中の分子と衝突すると、
熱せられることによって分子が高エネルギー状態になり、発光してオーロラになるのです。

 ## 日本でオーロラを見ることはできないの？

A ごくまれに見えることもあるようです。

太陽風のプラズマは地球の極地方に落ちるので、オーロラは基本的に南北両極地方に近いところで発生します。しかし、極めてまれに日本でも見えることはあるようです。1770年には、日本の多くの地域でオーロラが目撃されました。そのことが江戸時代の古典籍『星解』という記録文書に記載されています。放射線状に吹き出すように描かれたものが、オーロラであったと考えられています。

カナダのイエローナイフは北極圏に近いことやオーロラベルトの真下に位置していることなどから条件がよく、1年中オーロラを観測できます。

② オーロラはどうして夜しか見えないの？

A 夜側の磁場の密度が低くなるからです。

太陽風が常に地球に向かって吹き付けているので、自然と昼側（太陽側）の磁場が押しつぶされ密度が高くなり、夜側へ尾を引くように流れていきます。夜側は自然と磁場の密度が低くなるため、太陽風が入り込みやすくなるのです。

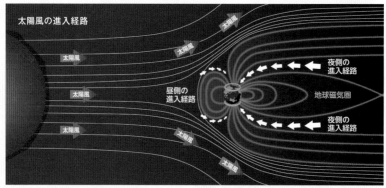

夜側の進入経路はいつもおおよそ同じなため、オーロラが見えやすい地域も自ずと定まってきます。

---

③ 月ではオーロラは発生しないの？

A 発生しません。

オーロラが発生するためには大気と地磁気の存在が必要です。月には両方ともほとんどありませんので、オーロラが発生する可能性はありません。太陽系の惑星では、木星のオーロラの記録は有名ですが、木星より遠い惑星には地磁気と大気があるようですから、もしかしたらオーロラが発生するかもしれません。

★COLUMN14★

オーロラはなぜ いろんな色に見えるの？

オーロラは、太陽風に含まれている水素イオンや電子が大気中の分子にぶつかることで発生します。光の色は波長によって決まり、オーロラの場合は高所に滞留している気体分子の種類と濃度よって色が変わります。一般的に高度200～500kmで赤色に、高度100～200kmで緑に、高度80～100kmで紫に発光すると言われています。

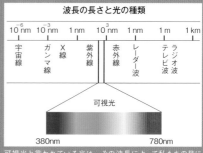

可視光と言われている光は、その波長によって私たちの目に届く色が変わります。

Q 雷はなぜ「落ちる」の？

雷が落ちる場所は雷雲の位置次第です。近くに高いところがある場合は、それを通って落ちる傾向があります。

Ａ 地球が電気を受け取るからです。

雷が曲がりくねるのには、理由があります。

雲は、温められた水蒸気が冷えて水滴になった集合体です。
高度が上がるほど気温が下がり、雲の中の水滴は空へ昇っていく過程で
氷の粒になり、少しずつ大きくなります。
これが、限界まで重くなると地面に落ちていくのですが、
今度は高度が下がることで気温も上がり、雨になります。
この昇っていく粒と降りていく粒がぶつかり合うことで摩擦が起き、
静電気が発生します。これが雷の源です。

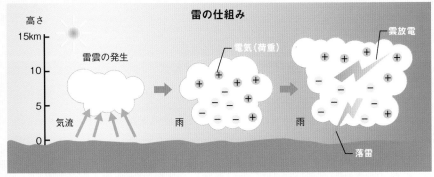

雷の仕組み

雲の中で昇っていく粒と降りていく粒が衝突した際に一方の粒子から電子が飛び出し、電子を失った方が「正の電荷（＋）」に、飛び出した電子を吸収した方が「負の電荷（ー）」に帯電します。負の電荷は正の電荷に向かって高速で移動しようとするのですが、その際、地面の正の電荷のほうが近いと、雲の中の正の電荷ではなく、地面側の正の電荷へ移動します。これが雷です。

ℚ 雷の光を「稲妻」というのはなぜ？

A 「稲の夫（つま）」という意味が語源です。

昔、雷が多いと豊作になることが多いため「雷光が稲に当たると稲が妊娠して子を宿す」と考えられていました。「つま」とは男女関係なく、夫婦・恋人の間で使われていた呼び方で、現在では「妻」の字が当てられ「稲妻」となっています。雷の放電が起こると、そのエネルギーで空気中の窒素（N）が酸素（O）と結合して窒素酸化物（NOx）を生成します。NOxは窒素化合物で水に溶けやすく、植物の三大栄養素のひとつである窒素肥料として最適なのです。

2017年、とある高校生が雷と作物の関係に興味を持ち、実際に実験をして、放電によって空気中の窒素が水に溶け込んだことで作物の成長が促進されたことを突き止めました。

② 雷に似た現象って身近にもある？

A 冬のドアノブで起こる 静電気も同じ原理です。

雲の中でできた水滴が動き回ることで静電気が溜まります。この静電気が多くなると雲の中だけでは支えきれなくなり、地上に向かって放電します。これが雷です。雷の電圧は1億ボルト、電気量は2,200世帯の1日分の消費電力に相当すると言います。再生可能エネルギーの有力候補でもあります。

ドアノブを触ったときバチっと静電気が走るのは、さまざまな摩擦によって体内に溜まった電気をドアノブに逃がしているからです。

③ 雷が曲がりくねって進むのはなぜ？

A 通りやすい場所を進んでいるからです。

雲に溜まった静電気は地上に向けて放電しますが、空気は本来、電気を通しません。そのため、空気中で水分の多い部分などを選んで、縫うように進みます。そのため、曲がりくねって進むように見えるのです。

ベネズエラのマラカイボ湖では1時間に3,600回の雷が落ちたことがあります。もっとも雷が落ちた場所としてギネス世界記録に認定されています。

★COLUMN15★

球雷のエピソード

「球雷」とは、空中を発光体が浮遊するという自然現象、もしくはその発光体のことを指します。多くのものは赤から黄色の暖色系の光を放ち、白色や青色など別の色に見える球雷も目撃されています。

これを目撃することは、かなりまれなことですが、下記のように目撃情報の記録などが残っています。

1271年、僧である日蓮が江ノ島で処刑されかけると、上空に光るものが現われ、処刑が断念されました。

1753年、ドイツの物理学者が雷の実験中に窓から飛来した光る球に直撃され死亡しました。

2004年、雷による停電下の福岡県の上空に青白く光る球が目撃されました。

2006年、イスラエルの大学が球雷の発生装置の開発に成功したと言います。

Q

再生可能エネルギーって何?

イギリス南東沖にある、洋上風力発電所
「ロンドン・アレイ」。風力発電は陸上と
洋上で発電が可能なエネルギー源です。

A
何度も使えるエネルギーのことです。

限りあるエネルギーではなく、
限りないエネルギーを。

石炭や石油は、地下に埋まっている分を使い切ったらなくなります。
しかし、太陽の熱や光は、太陽が消滅しない限り、なくなることはありません。
地球の内部の熱である地熱も地球が存在する限りありますし、
月の引力で起こる潮の干満のエネルギーも月が存在する限りあります。
このようなエネルギーのことを「再生可能エネルギー」と呼んでいます。

⏻ 化石燃料って何？

A 石炭・石油・天然ガスなどのことです。

石炭は古代の植物が枯れて地中に埋まり、地熱と地圧で変化したものです。石油や天然ガスも古代の微生物の遺骸が変化したものです。これらを化石燃料と言います。しかし最近、石油は古代生物の遺骸以外からできた可能性があるとの説も出てきています。

地球で月が出ている側は、月の引力で海面が持ち上がり、満潮になります。同時に、地球上でその反対側にある海も、
引力が弱くなるため海水が取り残されて満潮になります。これ以外の中間にある海は海水が減り、引き潮となるのです。
この潮の干満によるエネルギーも注目されています。

② 化石燃料の特徴について教えて！

A 燃えたときに出てくる熱エネルギーを利用します。

例えば、石炭・石油・天然ガスなどを燃や
すと、熱エネルギーと光エネルギーが発生し
ます。その熱エネルギーによって発生させ
た水蒸気を使って発電機を回し、電気エネ
ルギーを作っているのです。

化石燃料を燃やすと大きなエネル
ギーを得ることができますが、大
量の二酸化炭素が空気中に放出
されます。それが温暖化の原因に
なるとして問題になっています。

---

③ 再生可能エネルギーについてもっと教えて！

A 厳密に言うと、再び生まれるものと、なくならないものの2種類があります。

再生エネルギーの「再生」には、植物のように燃やして燃料にしたと
しても、そこから生まれた二酸化炭素を使って再び生まれるという意
味を持つものと、いくら使ってもなくならない風力や水力のようなもの
の2種類があります。そのため、想像しているよりも、多くのものが再
生可能エネルギーだと考えることができます。

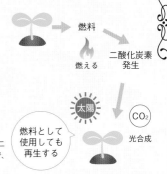

燃料

燃える

二酸化炭素
発生

太陽

CO_2

光合成

燃料として
使用しても
再生する

植物は燃料として燃えても、そこから出る二
酸化炭素を使って新しい植物が育つので、
「再生可能エネルギー」になります。

★COLUMN16★

化石燃料のエネルギーはなくなる？

石油の全存在量は誰も知りません。科学が発展すれば新しい油田が
発見される可能性もあります。現在知られている埋蔵量を、現代の科学
技術で採掘し、現在の消費ペースで消費したら後何年使い続けることが
できるかを示したのが「可採年数」ですが、探索技術や採掘技術、省エ
ネ技術の進歩に比例して、可採年数は増えていくことになるのです。

経済産業省資源エネルギー庁の「エネルギー白書」（2019）によると、
2017年末現在での原油の可採年数は50.2年となっています。

石油が眠っている地層は、数千メートルの
地下にあります。

Q

これから
注目される
エネルギー
ってある?

A

メタンハイドレートも
そのひとつでしょう。

MH21-S 研究開発コンソーシアム（MH21-S）
によると、日本近海にもメタンハイドレートが広
く分布すると推定されており、将来の国際エネル
ギー資源のひとつとして期待されています。

日本近海にもたくさんある、注目のエネルギー源。

メタンハイドレートは、メタンと水でできた化石燃料です。
水分子は互いに結合することができますが、
15〜16個ほどの水分子が集まってボール状の容器のようになり、
この中に1個のメタン分子が入ったのがメタンハイドレートです。
採掘には今までにない新技術を必要としますが、
日本近海にあることや日本のメタンハイドレートの研究が最先端であることから
次世代エネルギーとして注目されています。

そもそもメタンって何？

A 化石燃料の一種で、都市ガスに使われています。

メタンは古代の微生物の遺骸が地熱と地圧で変化したものです。生ごみや糞便が微生物によって発酵する
際にも発生します。そのため、再生可能エネルギーとして利用する試みが行われています。

都市ガスに含まれる成分のうち、
89〜90%がメタンです。

② メタンハイドレートを燃やしたらどうなるの？

A 二酸化炭素と水になります。

水はこれ以上は燃えませんから、メタンが燃えた熱で蒸発して水蒸気になります。メタンハイドレート単体で見ると1個のメタン分子につき15～16個の水分子からなりますが、この水の籠は一辺を共有するかたちでたくさん連結しているので、平均するとメタン分子1個に水分子が6個ほど付いていることになります。ちなみに、メタンハイドレートをエネルギー源として利用するときは、メタンだけを抜き出して使います。

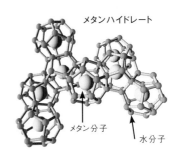

メタンハイドレート

メタン分子

水分子

---

③ メタンハイドレートはどこにあるの？

A 大陸棚の海底にあります。

200～1,000mほどの海底の地下数mに埋まっています。日本近海にもたくさんあり、日本の100年分くらいの可採埋蔵量があると言われています。愛知県の渥美半島沖で試験採掘が行われていますが、世界初の試みとして注目されています。

エネルギー自給力の低い日本は、日本列島周辺の海底に埋まっている可能性のあるメタンハイドレートに期待しています。

★COLUMN17★

再生可能エネルギーが注目される理由

東日本大震災以降、温室効果ガスの排出量は増加しており、2013年度には過去最高の排出量を記録しました。こうした中、2016年に発効したパリ協定で温室効果ガスの排出量を削減していくことが求められています。再生可能エネルギーは、温室効果ガスの排出を軽減し、国内で生産できることから、エネルギー安全保障にも寄与できる重要な国産エネルギー源として注目されているのです。

再生可能エネルギー

太陽の光

風の力

地球の熱

植物・ごみ・
動物のフンから

川の流れの力

石油や原子力ではなく、自然の力で作る電気・燃料・ガスなどを再生可能エネルギーと言います。

Q
花火の仕組みについて教えて！

1612 年、徳川家康が将
軍職を引退後に駿府城で
花火を鑑賞したという記録
が残っています。

A

ざっくり言うと、爆発の一種です。

基本的に、火をともなうものを爆発、ともなわないものを破裂と分類します。

危険だらけの爆発も、
制御して美しくなれば花火になります。

火山の爆発、火事の爆発……、
爆発は、予期せぬときに起こることがあり、災害を撒き散らします。
花火も爆発の一種ですが、大きさや爆発するタイミングを正確に調整しています。
色彩や火薬が飛び散る形を制御すれば、爆発も美しい芸術品になるのです。

線香花火は火薬を和紙で巻いている花火。着
火の前に火薬の上部分を少しねじると、火玉が
落ちにくくなります。

そもそも火薬による爆発って？

A　急激に起こる燃焼のことです。

燃焼のためには酸素が必要ですが、爆発は急
激なため、空気中の酸素だけでは間に合いませ
ん。そのため、火薬には酸素を供給する物質も
混ぜられます。花火で使う火薬は、昔ながらの
黒色火薬ですが、炭の粉やイオウとともに硝石
を使っています。炭やイオウは燃料、硝石は酸
素を供給する役割を担っているのです。

日本に火薬が登場したのは鎌倉時代。蒙古軍が「て
つはう」を使用したのが最初です。その記録が、「蒙
古襲来絵詞」として残っています。黒色火薬は、
1543年にポルトガル人によって種子島に持ちこまれ
ました。
『丹鶴叢書』より「蒙古襲来絵詞」水野忠央編 国会
図書館所蔵

丸い形の打ち上げ花火は、横からでも下からでも
同じ形に見えますが、特別な形をした花火は見る
方向によっては異なる形に見えます。

② 花火に色が着くのはなぜ?

A 燃えると色を出す金属が入っているからです。

金属の中には燃えると特定の色を発光するものが
あります。これを「炎色反応」と言います。例えば、
銅は青緑、ガリウムは青、リチウムは赤、カリウムは
淡紫、ナトリウムは黄などです。味噌汁が吹きこぼ
れると、黄色い炎が上がることがありますが、これは
味噌の塩(塩化ナトリウム)に入っているナトリウム
の炎色反応によるものです。

金属	色
リチウム	赤
ナトリウム	黄
カリウム	淡紫
ルビジウム	暗赤
セシウム	青紫
カルシウム	橙赤
ストロンチウム	深紅
バリウム	黄緑
銅	青緑

③ 花火が菊の花のように広がるのはなぜ?

A 火薬の球が、菊の花のように詰められているからです。

花火の球の中には、火薬と炎色反応用の金属でできた小さな球がビッシリと詰められています。この球が
何層にも層を作って球殻状に整然と並べられています。中心には、炸裂のための火薬が入れられています。
そのため破裂すると小さな球が整然と飛び散り、菊の花のようになるのです。

Q

太陽電池って、
どうやって発電しているの？

太陽光によって発電した電気は、蓄電池に蓄えられ、夜などの発電していない時間にも使えます。

A
太陽の光エネルギーで、
電子（－）と正孔（＋）を動かします。

n型半導体に（－）が、p型半導体に（＋）が集まる性質を活用し、電気が流れる仕組みを作っています。

電流は電子の流れ、電子が動くと電流が生じます。

電子がA地点からB地点に移動したとき、
電流はB地点からA地点に流れるものと定義されています。
電子を移動させるには何かしらのエネルギーが必要になりますが、
太陽の光エネルギーを利用したのが、太陽電池です。

① 太陽電池の構造を教えて！

A 金属板とガラス板を重ねただけです。

太陽電池は「金属板の電極」の上に「厚い半導体板(p型半導体)」「非常に薄い半導体板(n型半導体)」、「ガラス製の透明電極」を順番に重ねただけのものです。太陽光は透明電極と薄い半導体を通って、厚い半導体との合わせ目に達します。すると合わせ目にある電子が太陽光のエネルギーを受け取って飛び出し、電極をつないだ外部回路を通って元に戻るのです。

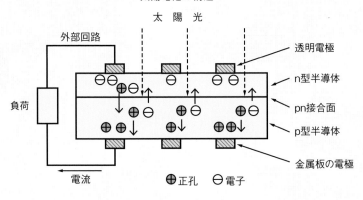

太陽電池の構造

pn接合面を境に、それぞれの半導体に正孔と電子が動きます。これによって、電流を生み出すことができるのです。

② 太陽電池に燃料は必要ないの？

A 必要ありません。

太陽電池は一切の燃料を使いませんし、可動部分もないので、潤滑油なども不要です。一度設置したら、基本的にその後はほとんどメンテナンスの必要がありません。

シリコンを原料とする半導体の産業の集積地である、通称シリコンバレーとして有名なサンフランシスコ・ベイエリア周辺。太陽光発電の仕組みは、シリコン半導体などに太陽光が当たると電気が発生する現象を利用しています。

③ Q 太陽電池による電気は、どのくらい使えるの?

A 平均的な屋根に設置した太陽電池なら、1日で蓄積したエネルギーで電子レンジを5時間使えます。

住宅につけるような太陽光パネルで太陽エネルギーを集めると、平均して1日におおよそ3.2kWh発電することができます。電子レンジに例えると、600Wでおおよそ5時間使用できる電力に相当します。

平均的な太陽光パネルのサイズ

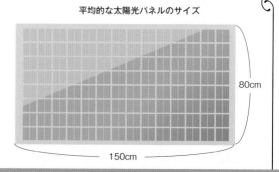

80cm

150cm

屋根につける枚数:10 〜 14 枚
1日に発電できる量:2.5 〜 3.2kWh

★COLUMN18★

太陽光発電の効率を上げる工夫

太陽光発電の効率を上げるためには、製品そのものの改良もひとつの方法ですが、それ以外にもできることがいくつかあります。まず、太陽電池の温度が上昇すると発電効率が低下するため、できる限り低い温度に維持することが望ましいとされています。また、年間の発電量を最大にするためには、パネルの傾斜角をおおよそその地点の緯度よりマイナス5度にするといいとされています。中には太陽の高度と方向にあわせてパネルを動かすことができる製品もあります。

ビスマス (Bi) は本来は淡く赤み
がかった銀白色の金属です。多彩
な色をしているように見えますが、
光の反射によるものです。

Q
元素の種類って
どれくらいあるの？

A
自然界に約90種、
人工元素まで含めると118種類です。

元素の中には、
やがて消えていくものもあります。

元素は安定しているものだけではありません。
例えば、放射性元素は、放射線と呼ばれる元素のかけらを放出してほかの元素に変化します。
このようにして、この世から消えてしまう元素もあるのです。
結果的に、自然界に存在する元素は約90種になります。

Q 元素を人工的に作ることはできるの？

A 金を作ることもできます。

人間が作った元素を人工元素と言います。現在25種類ほど知られており、原子番号113のニホニウム（Nh）は日本人が作った人工元素です。ただし、人工元素はとても不安定で、生まれた途端に消えてしまいます。100個の原子が50個に減るまでの時間を半減期と言いますが、ニホニウムの半減期はたったの1000分の2秒しかありません。ちなみに、現代科学を駆使すれば、金（Au）を作ることもできます。しかし、そのために必要な費用は金そのものの価格以上になってしまうため、人工的に作る意味は見出せません。

ダイヤモンドも鉛筆の芯も、
同じ炭素原子でできています。

②. 人工元素は何かの役に立つの？

A 医療の分野などでいろいろ役に立ちます。

ニュースによく出るプルトニウム（Pu）は人工元素の一種です。「原子爆弾の原料」では役に立つとは言えませんが、将来、高速増殖炉の燃料として役に立つと期待されています。高速増殖炉は、ロシアで商業運転が開始されました。また、がんなどの放射線療法で役に立つ元素もあります。

③. 永久に存在する 元素もあるの？

A わかりません。

原子の半減期は短いものでは1000分の1秒以下、長いもので200億年ほどと言われているものもあり、研究中です。

★COLUMN19★

周期表は性質による仲間分け

周期表は1869年にロシアの科学者、ドミトリ・メンデレーエフ（1834〜1907年）によって作られました。それ以降、元素が増える度追加し、現在の周期表になりました。周期表は陽子の数によってつけられた原子番号順に元素が並んでいます。縦の列を「族」、横の列を「周期」と言い、同じ族にある元素は化学的性質が似ています。

	1	2	3	4	5	6	7	8	9	10	11	12	13	14	15	16	17	18
1	1 H																	2 He
2	3 Li	4 Be											5 B	6 C	7 N	8 O	9 F	10 Ne
3	11 Na	12 Mg											13 Al	14 Si	15 P	16 S	17 Cl	18 Ar
4	19 K	20 Ca	21 Sc	22 Ti	23 V	24 Cr	25 Mn	26 Fe	27 Co	28 Ni	29 Cu	30 Zn	31 Ga	32 Ge	33 As	34 Se	35 Br	36 Kr
5	37 Rb	38 Sr	39 Y	40 Zr	41 Nb	42 Mo	43 Tc	44 Ru	45 Rh	46 Pd	47 Ag	48 Cd	49 In	50 Sn	51 Sb	52 Te	53 I	54 Xe
6	55 Cs	56 Ba	57 71	72 Hf	73 Ta	74 W	75 Re	76 Os	77 Ir	78 Pt	79 Au	80 Hg	81 Tl	82 Pb	83 Bi	84 Po	85 At	86 Rn
7	87 Fr	88 Ra	89 103	104 Rf	105 Db	106 Sg	107 Bh	108 Hs	109 Mt	110 Ds	111 Rg	112 Cn	113 Nh	114 Fl	115 Mc	116 Lv	117 Ts	118 Og

57 La	58 Ce	59 Pr	60 Nd	61 Pm	62 Sm	63 Eu	64 Gd	65 Tb	66 Dy	67 Ho	68 Er	69 Tm	70 Yb	71 Lu
89 Ac	90 Th	91 Pa	92 U	93 Np	94 Pu	95 Am	96 Cm	97 Bk	98 Cf	99 Es	100 Fm	101 Md	102 No	103 Lr

Q
放射線と放射能ってどう違うの？

A

放射線は実体で、
放射能は放射線を出す能力です。

1986 年にチェルノブイリの原子力発
電所の爆発により、廃墟と化した町、
プリピャチの遊園地。半径 30 ㎞の区
域は今も立ち入り禁止となっています。

遮蔽するためには、
分厚い鉛板が必要になることも。

放射線を出す放射性元素を野球のピッチャーに例えてみましょう。
ピッチャーの投げたデッドボールが放射線で、当たったバッターが被曝者です。
放射能はピッチャーとしての能力のことで、当たって痛いのは放射線ということです。

Q 放射線にはどんな種類があるの？

A 「α線」「β線」「γ線」「中性子線」などがあります。

α線は高速で飛ぶヘリウム原子核、β線は高速で飛ぶ電子、中性子線は高速で飛ぶ中性子です。ここで言う高速とは、新幹線の何倍などというスケールではなく、光速の何分の1という速さです。γ線は粒子ではなく、高エネルギーの電磁波、つまりレントゲン写真を撮るX線と同じものです。

ソマリアの浜。2004年のスマトラ島沖地震の際、ここに大量の核廃棄物が打ち上げられました。

② 放射線は危険なの？

A 非常に危険です。

最も危険なのは大きい粒子であるα線ですが、α線は遮蔽が容易なので気を付ければ避けることができます。恐ろしいのは中性子線です。中性子は電荷も磁性も持っていないので、遮蔽が困難です。頑丈なコンクリートでも太刀打ちできません。

③ 放射線を避けるにはどうすれば良いの？

A 有効な遮蔽物によって遮蔽することです。

大きい粒子のα線は、皮膚でもある程度は遮蔽できると言われますが、アルミ箔で遮蔽できます。β線は厚さ数mmのアルミニウム板、γ線は厚さ10cmの鉛板で遮蔽できます。大変なのが中性子線で、遮蔽するには厚さ1m以上の鉛板が必要と言われます。しかし、ありがたいことに中性子線は水で有効に遮蔽できます。つまり、中性子線を出す物体は、プールに浸けて置けばいいのです。

アルミのインゴット。

「化学」と「物理」ってどう違うの？

数学、物理、化学、生物、医学、地学、天文学など、科学にはさまざまな種類があります。このうち、数学は理論だけで物質を扱いません。物理も理論が主で、実際の物質を扱うことは多くありません。天文学もそうです。

それに対して、化学、生物学、医学、地学は、物質を扱います。化学は、相対性理論と並ぶ二大理論の量子論も扱いますが、多くの化学の分野では物質を扱います。その範囲は非常に広く、生物から岩石まで、毒から薬まで、およそ手で触れ、目で見ることのできるものなら何でも扱っているのです。

当然、化学は、生物学、医学、地学などと重なることになります。棲み分けは、化学は物質の構造や機能を、原子や分子の立場で解明するにとどめ、生物や鉱物の分類・発生などには関与しないということです。とは言うものの、生物の発生に関する大問題、遺伝に関しては、核酸やDNAの構造と機能という面は化学が扱っていますし、医学でも、医薬品開発や医療機器開発などで積極的にコミットしています。

化学の扱う領域・物質・現象は、化学者個人の興味の赴くままに広がり続けているとも言えるのです。

医薬品の有効性や安全性の予測のため動物実験を行うことがありますが、狭心症については薬の反応がわかりやすいウサギを用いた実験が有効だと考えられています。

ときに脅威となるものも、
医療分野では活用されています。

恐ろしい放射線がレントゲンやCTスキャンで活用されているように、
ときに人間の脅威になるものも形を変えて
私たちの健康を守ってくれる強い味方になっています。

① 新しく発見した薬の実験はどうやって行うの？

A ニトログリセリンを合成した化学者はまず舐めてみたそうです。

イタリアの化学者、アスカニオ・ソブレロは、1846年に初めて合成に成功したニトログリセリンを、どのようなものか調べるために舐めてみたそうです。爆発力の大きさから危険視されているニトログリセリンは、ダイナマイトの原料として有名ですが、毛細血管を拡張する効果もあり、今では狭心症の薬としても用いられています。現在、新薬はまずマウスやウサギなどを使った動物実験の後、安全性と効果を確認したもののみ臨床試験として「治験」が行われます。そうして、安全性と効果が確認されたもののみが新薬として登録されます。

ニトログリセリンは、原液のままだとわずかな振動で爆発してしまいます。現在では取り扱い方が確立されましたが、発見された当時は大変危険なものであり、不慮の爆発事故も多く起こっていました。

② 毒を持つ植物が
医療で活用されることはあるの？

A トリカブトも活用されています。

植物界最強の毒のひとつとされるトリカブトの毒は、3〜4mgでヒトが亡くなるほど強い毒です。葉や蜜にも毒があることが確認されており、ヒトを含めた獣や鳥などから身を守るために全身に猛毒を持っています。そんなトリカブトの塊根は「附子（ブシ）」と呼ばれ薬として活用されています。部位によって活用法が違い、鎮痛作用や末梢血管拡張作用などがあるとして使用されています。

主な参考文献（順不同）

『図解 身近にあふれる「化学」が3時間でわかる本』明日香出版　齋藤勝裕

『ニュートン式長図解 最強に面白い!!　化学』ニュートンプレス　監・桜井弘

『日常の化学事典』佐巻健男監 山田洋一編　東京堂出版

『日常生活の物質と化学』増井幸夫 嶋田利郎　ポピュラーサイエンス

『怖くて眠れなくなる化学』佐巻健男　PHP

『一度読んだらクセになる!　おもしろ化学ネタ50』齋藤勝裕　秀和システム

『化学の逸話　過去のあやまちと未来像』日色和夫　文芸社

『家の中の化学のあれこれ』増井幸夫 谷本幸子　裳華房

『化学物質過敏症対策』水城まさみ 小倉英郎 乳井美和子著 宮田幹夫編　緑風出版

『これからのエネルギー』槌屋治紀　岩波ジュニア新書

『化学がめざすもの』馬場正昭 廣田襄　京都大学学術出版会

『「量子化学」のことが一冊でまるごとわかる』齋藤勝裕　ベレ出版

監修者プロフィール

齋藤勝裕

1945年生まれ。1974年、東北大学大学院理学研究科
博士課程修了、現在は名古屋工業大学名誉教授。理学
博士。著書に『絶対わかる化学シリーズ』全18冊（講談
社）、『わかる化学シリーズ』全16冊（東京化学同人）、『図
解 身近にあふれる「化学」が3時間でわかる本』（明日香
出版）ほか多数。

世界でいちばん素敵な

化学の教室

2021年5月1日　第1刷発行
2024年12月1日　第3刷発行

監修　　　　齋藤勝裕
写真　　　　フォトAC
　　　　　　burst
　　　　　　o-dan
　　　　　　pexels
　　　　　　pixabayshutterstock
　　　　　　shutterstock
　　　　　　unsplash
　　　　　　123RF
編集　　　　オフィス三銃士
文　　　　　齋藤勝裕
デザイン　　渡邊規美雄

発行人　　　塩見正孝
編集人　　　神浦高志
販売営業　　小川仙丈
　　　　　　中村崇
　　　　　　神浦絢子

印刷・製本　TOPPANクロレ株式会社

発行　　　　株式会社三才ブックス
　　　　　　〒101-0041
　　　　　　東京都千代田区神田須田町2-6-5 OS'85ビル
　　　　　　TEL：03-3255-7995
　　　　　　FAX：03-5298-3520
　　　　　　http://www.sansaibooks.co.jp/
　　　　　　mail　info@sansaibooks.co.jp
facebook　　https://www.facebook.com/yozora.kyoshitsu/
Twitter　　　@hoshi_kyoshitsu
Instagram　@suteki_na_kyoshitsu